故障容限设计

Fault – Tolerant Design

［瑞典］艾琳娜·杜布罗娃（Elena Dubrova） 著

吴广宇　邵亚楠　陈　丹　毛一丁　王　鑫

门永平　龚博安　雷维宁　秦　锋　宋燕平　译

于洪喜　崔万照　刘　波　殷新社　王五兔

北京理工大学出版社

BEIJING INSTITUTE OF TECHNOLOGY PRESS

图书在版编目（CIP）数据

故障容限设计／（瑞典）艾琳娜·杜布罗娃（Elena Dubrova）著；吴广宇等译. —北京：北京理工大学出版社，2019.8
书名原文：Fault – Tolerant Design
ISBN 978 – 7 – 5682 – 7386 – 2

Ⅰ.①故… Ⅱ.①艾…②吴… Ⅲ.①航天器 – 故障检测②航天器 – 故障恢复 Ⅳ.①V467

中国版本图书馆 CIP 数据核字（2019）第 173374 号

北京市版权局著作权合同登记号 图字：01 – 2019 – 4452 号
First published in English under the title
Fault – Tolerant Design
by Elena Dubrova, edition：1
Copyright © Springer Science + Business Media New York, 2013　*
This edition has been translated and published under licence from
Springer Science + Business Media, LLC, part of Springer Nature.
Springer Science + Business Media, LLC, part of Springer Nature takes no
responsibility and shall not be made liable for the accuracy of the translation.

出版发行／北京理工大学出版社有限责任公司
社　　址／北京市海淀区中关村南大街 5 号
邮　　编／100081
电　　话／（010）68914775（总编室）
　　　　　（010）82562903（教材售后服务热线）
　　　　　（010）68948351（其他图书服务热线）
网　　址／http：//www.bitpress.com.cn
经　　销／全国各地新华书店
印　　刷／保定市中画美凯印刷有限公司
开　　本／710 毫米×1000 毫米　1/16
印　　张／12.75　　　　　　　　　　　　责任编辑／梁铜华
字　　数／206 千字　　　　　　　　　　　文案编辑／曾　仙
版　　次／2019 年 8 月第 1 版　2019 年 8 月第 1 次印刷　　责任校对／周瑞红
定　　价／86.00 元　　　　　　　　　　　责任印制／李志强

推　荐　序

近年来，我国航天科学技术水平显著提升，取得了"人类首次月背探测"等举世瞩目的成就。系统设计决定航天器的先进性和可靠性，故障容限作为系统设计的一种属性，对于确保以航天器为代表的复杂系统任务成功发挥着重要作用。随着用户对连续服务要求的提高，系统故障容限设计需要创新思路和方法。

Fault – Tolerant Design（Springer，2013）的作者是瑞典皇家理工学院信息与通信技术学院电子系统设计专业的教授艾琳娜·杜布罗娃（Elena Dubrova），她出版了100多种关于电子系统设计的著作。该书共分为八章，系统阐述了故障容限的有关概念、建模和评估方法，以及通过硬件、软件、信息、时间冗余等来实现故障容限的理论和实践，并配有大量案例，对系统故障容限设计具有积极的指导意义。而且，其思想新颖、视角独特，为广大科技人员学习和借鉴国外研究成果提供了一个良好机会。

该书不仅适用于航天领域，还适用于其他关键系统，如地面核电站控制系统、飞行控制系统、银行自动交易系统等广泛的军民领域，其中文版的问世将有利于促进故障容限的理论基础和工程方法有效融合，有利于提高应用系统设计水平，有利于推动我国科学技术的创新发展。特为之序。

译 者 序

故障容限作为系统设计的一种属性，对于确保以航天器为代表的复杂系统任务成功，发挥着重要作用。当前用户对航天器的好用性、易用性提出了比以往更高的要求，深空探测等重大专项对航天器自主故障检测与恢复提出了新的需求，系统故障容限设计需要有新思路、新方法。

空间电子信息技术研究院（504 所）在研究、实践航天器在轨故障容限设计的过程中，积极关注国内外故障容限设计的前沿发展动态，当发现艾琳娜·杜布罗娃（Elena Dubrova）所著的 *Fault - Tolerant Design*（Springer，2013）一书对国内关键系统设计具有重要借鉴作用后，立即组织科研人员对该书进行翻译，并邀请航天领域的多位专家对译稿进行审查，以确保该书中文版的科学性和准确性。

本书由吴广宇、邵亚楠、陈丹、毛一丁、王鑫、门永平、龚博安、雷维宁、秦锋、宋燕平、于洪喜、崔万照、刘波、殷新社、王五兔共同翻译。其中，第 1、2 章由邵亚楠翻译，第 3、4 章由吴广宇翻译，第 5 章由毛一丁翻译，第 6 章由王鑫翻译，第 7、8 章由陈丹、门永平翻译；龚博安、雷维宁、秦锋对稿件进行修改；宋燕平研究员、于洪喜研究员、崔万照研究员、刘波研究员、殷新社研究员、王五兔研究员对本书提出完善意见；全书由吴广宇统稿。为了保证科学准确，翻译人员成立小组，明确了全书翻译计划和分工，并在翻译过程中经常研讨，以提高译稿质量。

衷心感谢中国空间技术研究院遇今研究员对本书提出的宝贵意见，特别感谢王伟研究员对本书出版的大力支持，非常感谢北京理工大学出版社引进本书的版权以及各位编辑认真细致的工作。

由于译者水平有限，加上本书涉及的专业知识广，译文中难免有不当之处，恳请读者批评、指正。

译 者
2019 年 6 月

前 言

作为故障容限入门的一本教材，本书致力于为高年级的本科生、研究生以及在实际工作中需要对这个领域有大致了解的工程师提供故障容限知识的介绍。读者不但能在可靠性、可用性和安全性等方面开发自己建模和评估故障容限架构的技能，而且能获得对故障容限计算的彻底了解，包括如何通过硬件、软件、信息和时间冗余来实现故障容限的理论以及设计故障容限的硬件和软件系统的实践知识。

本书包含 8 个章节，涉及以下几个主题。第 1 章是导论，讨论了故障容限在可信系统开发中的重要性；第 2 章描述了可信性的三个基本特征：属性、损伤和措施；第 3 章介绍了可信性评估技术和可信性模型，如可靠性框图和马尔可夫链；第 4 章介绍了硬件系统设计故障容限设计的常用方法，如三模冗余、备份冗余和自清除冗余，并评估了它们对系统可信性的影响；第 5 章展示了如何通过编码来实现故障容限，它涵盖了许多重要的编码族，包括奇偶校验、线性、循环、无序和算术代码；第 6 章介绍了时间冗余技术，可用于检测和纠正瞬态和永久性故障；第 7 章描述了软件系统故障容限设计的主要方法，包括检查点和重启、恢复块、N 版本编程和 N 自检编程；第 8 章总结了本书。

本书内容设计具有高度的易懂性，包含大量示例和思考题，以加强对所学内容的掌握。作者可根据要求提供思考题的解决方案和幻灯片。

艾琳娜·杜布罗娃（Elena Dubrova）

2012 年 12 月

瑞典，斯德哥尔摩

致　谢

本书由我自 2000 年以来在皇家理工学院（KTH）教授"故障容限系统设计"课程的讲稿修改而来。在这期间，很多学生和同事帮助我完善了教材。在此，感谢所有给我反馈意见的人，特别要感谢 Nan Li、Shohreh Sharif Mansouri、Nasim Farahini、Bayron Navas、Jonian Grazhdani、Xavier Lowagie、Pieter Nuyts、Henrik Kirkeby、Chen Fu、Kareem Refaat、Sergej Koziner、Julia Kuznetsova、Zhonghai Lu 和 Roman Morawek，他们从原稿中发现了多处错误并提出了有价值的改进建议。感谢 Hannu Tenhunen 鼓励我教授这门课程，且不断支持我的学术研究。感谢 Springer 出版社的 Charles Glaser，因为他的鼓励和帮助，这本书才得以出版；感谢 Sandra Brunsberg 对终稿非常仔细的校勘。特别感谢我的一位朋友，他建议我使用 MetaPost 工具绘图，的确，使用 MetaPost 绘图的结果非常完美。

最后，我要感谢瑞典国际研究与高等教育合作基金会（STINT），其提供的奖学金 KU2002 - 4044，支持我在 2002 年 10—12 月去澳大利亚悉尼的新南威尔士大学游学，在那里，我写出了本书的第一稿。

目　　录

第1章 导　　论

"只要是可能出错的事情，就一定会出错。"

——墨菲定律

在本章，我们正式定义了故障容限的概念并阐述其在可信系统设计中的重要性；分析了故障容限与冗余之间的关系，并讨论了不同类型的冗余；此外，还简要介绍了故障容限计算的历史，并描述了几个主要的应用领域。

1.1　故障容限的定义

故障容限是指系统在出现错误之后还能够继续执行其预期功能的能力[7]。从广义上讲，故障容限与可靠性、成功运行和是否出现中断息息相关。故障容限系统能够处理单个硬件故障、软件故障、供电失效和其他不期望问题，且仍然满足其规格说明。

在实际中构建一个完美的系统是不可能的，因此故障容限就显得非常必要。

首先，随着系统复杂度的增加，如果不采取补偿措施，那么其可靠性会急剧下降。例如，单个部件的可靠性是99.99%，那么由100个非冗余部件组成的系统的可靠性就变成99.01%，而由10 000个非冗余部件组成的系统的可靠性仅为36.79%。这种可靠性在大多数应用中都是不可接受的。要想10 000个部件组成的系统达到99%的可靠性，则使用的单个部件的可靠性应至少为99.999%，这意味着成本的急剧增加。

其次，尽管在进入市场之前设计人员已尽力将所有的硬件和软件缺陷从系统中清除，但是从历史经验来看，这样的目标是不可达到的[3]。不可避免会有一些不可预料的环境因素没有提前考虑到，以及发生一些不可预见的潜在用户错误。因此，即使系统的设计和实现都是完美的（当然，这是理想情况），也有可能因为设计者无法控制的因素引起故障。

如果一个系统停止执行其预期的功能，那么就认为这个系统失效了。本书中提到的系统，从一般意义上讲就是由一组独立但又相互关联的元素构成的统一整体。因此，所展示的技术适用于各种产品、设备和子系统。失效可能是功能完全停止，或者是某些功能的执行处于非正常的质量和数量，如运行状态的恶化或不稳定。故障容限设计的目标就是使失效概率最小化，而不论这些失效仅仅是带来用户抱怨，还是会导致财产损失、人员伤害或者环境灾害。

1.2 故障容限和冗余

实现故障容限有很多种方法，常见的方法是设计一定数量的冗余。当系统出现故障时，可以采取冗余的预防措施；当系统无故障工作时，冗余就不是必需的[8]。冗余可以是备份的硬件部件、附加在一串数据后的额外的检查位，或是验证程序结果正确性的几行程序代码等。加入冗余来改进系统可靠性的思想最早由 John von Neumann 提出，他在 20 世纪 50 年代在其著作 *Probabilistic logic and synthesis of reliable organisms from unreliable components* (《概率逻辑和来自不可靠部件的可靠体系的综合》)[12]中提出了该思想。

冗余一般有两种类型[1]：空间冗余和时间冗余。在空间冗余中，当系统出现故障时，可以提供附加组件、功能或数据项等预防措施；当系统无故障运行时，这些冗余功能就不是必需的。根据添加到系统的冗余资源的类型，空间冗余可分为硬件冗余、软件冗余和信息冗余。在时间冗余中，计算或数据传输被重复，并将结果与先前结果的存储副本进行比较，以确保结果的正确性。

1.3 故障容限的应用

最初，故障容限技术用于处理单个硬件部件的物理缺陷。早期计算系统的设计者将基本元素进行三模冗余，并使用多数表决器来屏蔽故障的影响[11]。

第二次世界大战之后，人们对于故障容限的关注显著增加。其中一个原因是在战争期间出现的电子设备可靠性问题[2]，人们由此更清晰地意识到复杂电子设备的可靠性对于装备正常工作以及军事技术发展的重要性；另一个促进因素则是在 1957 年第一颗地球卫星斯普特尼克发射之后，苏联与美国之间进行"太空竞赛"[2]，导致很多国家的国防部门和空间机构启动了与故障容限有关的项目。

随着半导体技术的进步，硬件部件在本质上越来越可靠，所以对部件自身缺陷进行容限的需求有所减少。尽管如此，故障容限作为系统设计的基本属性，仍然应用在安全关键、任务关键和业务关键的场合。其中，安全关键的应用是指必须避免生命损失和环境灾难的场合，如核电站控制系统，计算机控制的放射治疗机、心脏起搏器和飞行控制系统等；任务关键的应用强调任务完成的场合，如航天器（或卫星）应用案例；业务关键的应用是指要求保持连续运营业务的场合，如银行和证券交易所的自动交易系统、网页服务器和电子商务等。

到 20 世纪 90 年代中期，对故障容限的关注再次得到极大的提高。一方面，随着半导体制造工艺尺寸的不断缩小、供电电压的降低、工作速度的增加，噪声容限降低到临界水平，导致集成电路（IC）对由串扰和环境干扰（如大气中子和 α 粒子）引起的瞬态故障高度敏感[10,14]。因此，为了维持可接受的可靠性水平，IC 设计必须能够对这些故障进行容限[6]。另一方面，在 20 世纪 90 年代中期起步并飞速发展的实时计算应用，特别是对嵌入式软件智能设备的需求，使软件故障容限成为一个迫切需要解决的问题[9]。软件系统能以富有竞争力的价格提供更加紧凑的设计和丰富的功能，不是用硬件实现特定的功能，而是用一套指令写入并加载到处理器中来完成预期的功能。若要更改功能，则修改指令即可，而不需要建造不同的物理设备。

软件消除了硬件的很多物理局限。例如，软件不会受到随机制造缺陷的影响，且不会磨损。然而，系统设计往往由非系统专家来执行，所以有些问题仍然不可避免。例如，汽车制动专家决定制动器应该如何工作，然后将此信息提供给软件工程师，由软件工程师编写执行所需功能的程序；若系统设计人员和软件开发人员之间的沟通不到位，就会出现故障。因此，这类沟通不到位的问题是当今许多软件中存在故障的根源所在[3]。

近年来，由于传统的单一桌面信息处理模式（即单用户使用专用的单一设备）不断转变为无处不在的分布式计算模式（即日常生活中许多小型的、价格低廉的网络处理设备同时参与，且以各种规模分布在各地），进一步推动了人们对故障容限的关注[13]。预计到 2020 年[5]，业界将有超过 500 亿人和设备通过移动宽带连接在一起。随着我们的社会变成"网络社会"，保障网络中所有服务和参与者的可信性就变得越来越重要。因此，我们需要用新的、非传统的方法来实现故障容限[4]。

参考文献

[1] Avižienis, A.: Fault – tolerant systems. IEEE Trans. Comput. **25**(12), 1304 – 1312(1976)

[2] Avižienis, A.: Toward systematic design of fault – tolerant systems. Computer **30**(4),51 – 58(1997)

[3] Brooks, F. P.: No silver bullet: essence and accidents of software engineering. IEEE Comput **20**(4),10 – 19(1987)

[4] Dubrova, E.: Self – organization for fault – tolerance. In: Hummel, K. A., Sterbenz, J. (eds.) Proceedings of the 3rd International Workshop on Self – Organizing Systems, Lecture Notes in Computer Science, vol. 5243, pp. 145 – 156. Springer, Berlin/Heidelberg (2008)

[5] Ericsson: More that 50 billions connected devices (2012). www. ericsson. com/res/docs/whitepapers/wp – 50 – billions. pdf

[6] ITRS: International technology roadmap for semiconductors (2011). http://www. itrs. net/

[7] Johnson, B.: Fault – tolerant microprocessor – based systems. IEEE Micro **4**(6), 6 – 21(1984)

[8] Laprie, J. C.: Dependable computing and fault tolerance: concepts and terminology. In: Proceedings of 15th International Symposium on Fault – Tolerant Computing (FTSC – 15), pp. 2 – 11(1985)

[9] Lyu, M. R.: Introduction. In: M. R. Lyu (ed.) Handbook of Software Reliability, pp. 3 – 25. McGraw – Hill, New York(1996)

[10] Meindl, J. D., Chen, Q., Davis, J. A.: Limits on silicon nanoelectronics for terascale integration. Science **293**, 2044 – 2049 (2001)

[11] Moore, E., Shannon, C.: Reliable circuits using less reliable relays. J. Frankl. Inst. **262**(3),191 – 208 (1956)

[12] von Neumann, J. : Probabilistic logics and synthesis of reliable organisms from unreliable components. In: Shannon, C. , McCarthy, J. (eds.) Automata Studies, pp. 43 – 98. Princeton University Press, Princeton (1956)

[13] Weiser, M. : Some computer science problems in ubiquitous computing. Commun. ACM **36**(7) ,74 – 83 (1993)

[14] Ziegler, J. F. : Terrestrial cosmic rays and soft errors. IBM J. Res. Dev. **40**(1) , 19 – 41(1996)

第 2 章　可信性基础

"啊哈，显然这是'安全'这个词儿的一种奇怪的用法，我以前可没有意识到。"

——道格拉斯·亚当斯（Douglas Adams），《银河系的旅行者指南》

故障容限的最终目标是开发可信的系统。从广义上讲，可信性就是系统向用户提供其预期服务水平的能力[16]。随着计算变得无处不在，并以各种规模渗透到日常生活中，可信性不仅对于传统的安全关键、任务关键和业务关键的应用非常重要，对于整个社会也变得愈发重要。

在本章，我们研究可信性的三个基本特征：属性、损伤和措施。其中，可信性属性描述了系统所需要的特性；可信性损伤则表示了系统停止执行其功能的原因，换句话说，就是可信性所面临的威胁；可信性措施是指开发可信系统的方法和技术，如故障预防、故障容限、故障排除和故障预测。

2.1　符号

在本书，我们使用"·"来表示布尔逻辑与（即 AND），用"$\oplus$"表示布尔逻辑异或（即 XOR），使用 $\bar{x}$ 表示 x 的逻辑非（即 NOT）。算数乘法由"×"来表示。此外，还有一些通用符号，如使用"＋"来表示布尔或（即 OR）和算术加法，结合上下文即可清楚地了解其含义。

2.2　可信性属性

可信性属性描述的是一个系统预期的特性，其中的三个主要属性分别是可靠性、可用性和安全性，其他可能的属性包括维修性、测试性、执行性和保密性[21]。根据应用的不同，当需要对一个系统行为进行恰当评估时，可使用其中一个或多个属性。例如，在自动柜员机（ATM）中，系统能够提供其预期服务水平（系统可用性）的时间比例是一个重要的指标参数；对于装有起搏器的心脏病患者，该装置能否连续运行是一个生死攸关的问题。因此，系统在不中断（系统可靠性）的情况下提供服务的能力至关重要。在核电厂控制系统中，系统正确执行其功能或以安全模式（系统安全）中断其功能是最重要的能力。

2.2.1　可靠性

假设系统在 0 时刻工作正常，其在 t 时刻的可靠度[①] $R(t)$ 是指系统在区间 $[0,t]$ 中无失效运行的概率。

可靠度是系统持续提供正确服务的一个指标参数，当系统被期望无中断运行时（如心脏起搏器的案例），或者由于无法到达而导致系统不可维修时（如深空应用案例），就要求具备高可靠度。例如，航天器任务控制系统被期望提供不中断的服务，系统中只要有一个缺陷就可能导致航天器的毁灭，如1997 年 8 月 23 日美国宇航局发射的地球同步轨道的刘易斯航天器[20]。该航天器在轨道上进入水平螺旋，引起太阳能损失和致命的电池放电，导致航天器失联；它于 1997 年 9 月 28 日被摧毁。根据路易斯航天器任务失效调查报告，失效原因是姿态控制系统的设计存在技术缺陷，航天器在早期运行阶段未得到充分监测，导致失效未被及时发现。

可靠度是时间的函数，根据所讨论系统的特性，时间规定的方式有很大不同。例如，如果系统预期在某段时间内完成其任务（如航天器系统），则时间可能被定义为日历时间或小时数；对于软件而言，时间间隔通常以所谓的自然单位或时间单位指定；自然单位是与基于软件的产品所执行的处理量相关的单位，如输出页面量、交易量、作业量或查询量。

可靠度表示了成功的概率。相反，我们可以定义系统在 t 时刻的不可靠度 $Q(t)$，即假设在 0 时刻工作正常，在区间 $[0,t]$ 失效的概率。不可靠度表示失效的概率，可靠度和不可靠度的关系为 $Q(t) = 1 - R(t)$。

2.2.2　可用性

相对而言，系统很少被设计成可连续运行而不会中断且不需要任何维修。

---

① 可靠度是可靠性的概率度量。——译者注

在大多数情况下，我们不仅关注失效的概率，而且对失效的次数给予很高的关注，特别是关注维修所耗费的时间。对于此类应用，我们希望能够将系统处于运行状态的时间比例这一特性最大化，这个特性我们用可用性来表示。

系统在 t 时刻的可用度 $A(t)$ 是指系统在时刻 t 正确运行的概率。

$A(t)$ 也称为点可用度①或瞬态可用度。经常需要确定区间可用度或任务可用度，其可通过以下表达式来定义：

$$A(T) = \frac{1}{T}\int_0^T A(t)\,dt \qquad (2.1)$$

$A(T)$ 是指时间区间 T 上点可用性的平均值，时间区间 T 可能是系统的生命周期，也可能是系统完成某项特定任务的时间。

最后，通常的情况是，在一些初始瞬态效应之后，点可用度 $A(T)$ 假定是与时间无关的值。因此，稳态可用度可通过以下表达式来定义：

$$A(\infty) = \lim_{T\to\infty}\frac{1}{T}\int_0^T A(t)\,dt \qquad (2.2)$$

如果系统不可维修，那么点可用度 $A(t)$ 就等于系统的可靠度，即系统在 0 和 t 之间没有出现失效的概率。因此，随着 T 变为无穷大，不可维修系统的稳态可用度变为零。

$$A(\infty) = 0$$

稳态可用度通常根据每年的停机时间来规定，表 2.1 展示了可用度的值和对应的每年停机时间。

表 2.1　可用度及其对应的每年停机时间

可用度/%	停机时间
90	36.5 天/年
99	3.65 天/年
99.9	8.76 h/年
99.99	52 min/年
99.999	5 min/年
99.999 9	31 s/年

可用度通常作为可以容忍短暂中断系统的可信性的指标参数。例如，电话交换和网页服务器等网络系统就属于这一类，电话用户希望完成通话而不

————————————

① 可用度是可用性的概率度量。——译者注

被中断，但对一年中有几分钟停机通常是可以接受的。调查显示，在线购物者对网页加载时间的平均期望是 2 s[2]，这意味着电子商务网站应该始终可用，即使在面对大量购物者同时访问时也能够快速响应。另一个例子是电力控制系统，客户希望在任何天气条件下每天 24 小时都可以使用电力，长时间的停电可能导致健康危害和金融损失。例如，2001 年 3 月 11 日，瑞典斯德哥尔摩北部的一个大型工业区（即 Kista）发生停电，原因是发电站附近的隧道发生火灾。从早上 7：00 到第二天晚上 8：35，有 5 万人和 700 家企业雇佣的 3 万人因为没有电力供应而离开[9]。不仅供暖、通风、淡水泵、电话和交通信号灯停止工作，而且所有计算机、锁定装置和安全系统都出现了故障。Kista 这次停电造成的整个损失估计高达 1 280 万欧元[15]。

2.2.3　安全性

安全性可以认为是可靠性的延伸，也就是由可能产生安全隐患的失效带来的可靠性。从可靠性的角度看，所有的失效都是平等的；但从安全性的角度看，失效分为失效—安全型和失效—非安全型。

以一个报警系统为例。警报可能在危险已经存在的情况下因为失效而无法正常工作，或者在没有危险出现时发出错误的警报。前者归类为失效—非安全型，后者被认为是失效—安全型。安全度①的正式定义如下：

假设系统在 0 时刻运行正常，那么系统在 t 时刻的安全度 $S(t)$ 是指系统在区间 $[0,t]$ 中正确执行其功能或以失效—安全方式中断其运行的概率。

在失效可能会导致人员伤害、生命损失或环境灾难[8]等安全关键的应用场合，安全度是必要的指标，如工业控制器、火车、汽车、航空电子系统、医疗系统和军事系统。

历史表明，许多失效—非安全型故障是由人为错误因素引起的。例如，1986 年 4 月 26 日发生的切尔诺贝利事故就是由一个糟糕的计划性实验引起的，该实验旨在研究利用涡轮发电机中剩余能量发电的可能性[12]。为了进行实验，所有自动关闭系统和反应堆的应急堆芯冷却系统都被手动关闭；该实验由一位不熟悉反应堆设备的工程师主导。由于这两个错误因素的结合，在出现错误时，实验无法取消。

---

① 安全度是安全性的概率度量。——译者注

2.3　可信性损伤

可信性损伤通常根据故障、错误和失效来定义，这三个术语的共同特性给我们传达一条信息——有问题出现了。它们的不同之处是：当故障出现时，问题发生在物理层；当错误出现时，问题发生在计算层；而当失效出现时，问题发生在系统层[4]。

2.3.1　故障、错误和失效

故障是在硬件或软件发生的物理缺陷、瑕疵或毛病。例如，两个邻近的互连线之间出现的短路、断针，或者软件错误。

错误是由故障引起的相对于计算正确性和准确性的偏差，错误通常与系统状态中的不正确值相关联。例如，电路或程序计算的错误值，或在传输数据时接收到的不正确信息。

失效是指某些应该执行的操作或预期执行的操作未执行，如果系统提供给用户的服务在规定的时间周期内偏离了系统规格说明书的符合性，那么称系统出现失效[16]。系统失效既有可能是因为没有按照规格说明书执行，也有可能是规格说明书没有充分描述其功能。

故障产生错误，而错误引起失效。以一个发电厂为例，其计算机控制系统负责监测各种机械设备的温度、压力和其他物理特性。当传感器报告主涡轮机的旋转速度中断后，该故障导致系统向涡轮机发送比所需更多的蒸汽（误差），使涡轮机超速，并导致机械安全系统关闭涡轮机以防止其损坏，系统不再产生电力（系统失效，失效—安全）。

当应用于软件时，物理层、计算层和系统层的定义稍微有些模糊。在本书中，我们将程序代码理解为物理层，将程序状态的值理解为计算层，将运行程序的软件系统理解为系统层级。例如，将程序中出现的问题（bug）视为故障，将由问题引起的可能的不正确值视为错误，则将软件系统的可能崩溃视为系统失效。

但是，并非每个故障都会引起错误，也不是每个错误都会引起失效。这种情况在软件中尤其明显，有些程序错误只有在特定情况下才引起失效，所以很难发现。例如，1985 年 11 月，纽约银行经历了 320 亿美元的透支，导致 500 万美元的利息损失，失效是由 16 位计数器未经检查的溢出引起的[7]。1994 年，人们发现 Intel Pentium Ⅰ微处理器在计算某些浮点除法时会算出错误结果[28]。例如，将 5 505 001 除以 294 911，产生的是 18.666 000 93 而不是 18.666 651 97，该问题的发生是由于在除法算法中使用的 1 066 个值表中省略了 5 个条目，这些条目本应该包含常量 2，但由于条目为空，处理器就将它们视为 0。系统失效的方式称为系统失效模式，很多系统具有各种不同的失效模式。例如，锁失效后可能会打不开或者关闭不了。

失效模式通常根据其专业领域（定值或时变失效）、系统用户对失效的感知（一致或不一致的失效）以及它们对环境的影响（轻微失效、重大失效和灾难性失效）来分类[3]。

实际或预期的失效结果称为失效影响，分析失效影响以识别需要采取的纠正措施从而减轻失效对系统的影响，也用于规划系统维修和测试工作。在安全—关键的应用场合，对失效影响的评估是系统设计（包括从开发阶段早期到设计和测试阶段）必不可少的环节[25]。

2.3.2 故障的起源

正如在上一节中所提到的，故障产生错误，而错误引起失效。反过来，故障既有可能是由设计过程的规格说明书、设计实现或制造方案阶段出现问题引起的，也有可能是由外部因素引起的，如环境干扰、偶然的（或故意的）人为问题。从广义上讲，我们可以将故障来源分为四类：不正确的规格说明书、不正确的设计实现、制造缺陷和外部因素[14]。

不正确的算法、架构或要求会导致不正确的规格说明书，典型的例子就是规格说明书忽略了系统运行环境的某些要求。虽然系统在大多数情况下运行正常，但是偶尔也有表现不正确的情况。由不正确的规格说明书引起的故障称为规格说明书故障，规格说明书故障很常见。例如，在集成了 IP 内核的片上系统（SoC）设计中，由于 IP 内核供应商提供的内核规格说明书没有包含 SoC 设计人员所需要的所有细节（部分原因是对知识产权保护的要求，尤其是对内核网表和布局[23]），导致了规格说明书故障的发生。

当系统实现没有完全贯彻规格说明书时，也会产生由不正确的实现而导致的故障，通常称为设计故障。在硬件中，设计故障包括元器件/部件选择不当、逻辑错误、时序错误或同步性错误；在软件中，不正确实现的典型例子有程序代码中的错误和较差软件部件的复用。软件严重依赖于其运行环境的不同假设，如果在新环境中假设不正确，就会导致故障发生，阿丽亚娜 5 型运载火箭事故[17]就是一个由于软件部件复用引起失效的案例。将 64 位浮点数转换为 16 位整数导致的软件故障使阿丽亚娜 5 型运载火箭在 1996 年 6 月 4 日升空后 37 s 爆炸。该浮点数的值恰好大于可由 16 位整数表示的值，为了响应溢出，计算机清除了它的内存，内存垃圾被火箭理解为给火箭喷管的指令，导致了爆炸的发生。

很多硬件故障是由部件缺陷造成的，这些缺陷包括制造瑕疵、随机设备缺陷和部件磨损。由于制造缺陷导致部件可靠性低，早期计算机系统就需要应用故障容限技术来解决该问题。随着半导体技术的发展，硬件在本质上变得越来越可靠，由制造缺陷引起的故障百分比大大降低。

引起故障的第 4 个原因是外部因素，它们可能来自外部的系统边界、环境、用户或者操作员。外部因素包括直接影响系统运行的表象，如温度、振动、静电放电和影响系统输入的核辐射或电磁辐射等。例如，辐射引起存储器中的一个单元翻转到一个相反的值，这就是由外部因素引起的一种故障。由用户或操作人员引起的故障分为偶然的和恶意的。例如，用户可能无意中向系统提供不正确的指令（如不正确的软件初始化参数）导致系统失效，这是偶然故障，而由诸如软件病毒和黑客入侵引起的故障则是恶意故障。

例 2.1　假设你在澳大利亚内陆某处开车，你的车抛锚了。从你的观点来看，这辆汽车已经坏了。什么原因导致了失效？有以下几种可能：

（1）汽车的设计者没有考虑到合适的温度范围。这可能是：

●规格说明书的编写者没有预料到温度会超过 50 ℃，造成了规格说明书故障。

●如果规格说明书包括了温度超过 50 ℃ 的可能性，而设计师忽略了它，则造成了设计故障。

●如果制造商没有正确遵循设计，则是一个制造实现的故障。

（2）你无视"100 英里①外有袋鼠"的标志，撞上了袋鼠。这是用户造成的故障。

（3）高速公路部门的工作人员错误地将"100 英里外有袋鼠"的标志放成"限速 100"。这是操作员造成的故障。

（4）散热器排水阀出现泄漏问题，散热器冷却液排出，发动机过热。这是由于磨损造成的部件缺陷。

（5）一颗流星撞上了你的车。这是外部环境引起的故障。

2.3.3　共模故障

在两个或多个冗余部件中同时发生的故障是共模故障，共模故障是由冗

---

①　1 英里 = 1.609 344 千米。

余单元之间存在依赖性的现象引起的（如公共通信总线或共享环境因素），这些现象会导致它们同时发生故障。如果系统依赖单一电源、冷却或输入/输出（I/O）总线，则系统容易受到共模故障的影响。

另一种可能导致共模故障的原因是设计故障。设计故障会导致硬件或相同软件进程的冗余副本在相同条件下都失效。解决共模设计故障的唯一方法就是设计多样性，设计多样性是指对要执行的功能通过多个变形来实现。对于基于计算机的应用，在更高的抽象层面上改变设计显得效率更高[5]。例如，改变算法比改变设计细节（如使用不同的程序语言）更加有效。由于不同的设计必须实现共同的系统规格说明书，因此在改进规格说明书的过程中始终存在依赖的可能性。为了实现真正多样化的设计，我们可以通过使用独立的设计团队、不同的设计规则和软件工具来消除依赖性，这一点将在 7.3.4 节深入讨论。

2.3.4 硬件故障

在本节，我们首先考虑两类主要的硬件故障——永久故障和瞬态故障；然后，我们将介绍对不同类型的硬件故障如何进行建模。

2.3.4.1 永久故障和瞬态故障

根据故障持续时间，硬件故障可分为永久故障、瞬态故障和间歇性故障[3]。

永久故障在采取修复措施之前会一直保持活跃状态，这些故障通常是由硬件中的一些物理缺陷引起的，如电路短路、互连中断或内存卡块。

瞬态故障（也称为软错误[30]）是在短时间内保持活跃状态的故障。周期性活跃的瞬态故障是间歇性故障。由于它们的持续时间很短，因此瞬态故障经常是由故障传播产生的错误来发现的。

瞬态故障是当今集成电路（IC）中的主要故障类型。例如，大约 98% 的随机访问存储器（RAM）故障是瞬态故障[24]；动态 RAM（DRAM）每天每十亿字节的内存发生一个单个二进制位的瞬态故障[26]。瞬态故障的产生原因主要是环境因素，如 α 粒子、大气中子、静电放电、供电下降或过热。

间歇性故障是由实现中存在的缺陷、老化和磨损以及意外的工作条件造成的。例如，一个松动的连接焊点在振动下有可能导致间歇性故障。

2.3.4.2 故障模型

列举出系统发生的所有可能的故障类型是不可能的，为了实现对可能的故障覆盖率的评估，于是假设故障的行为符合某种故障模型[11]，从而使用故障模型来尝试描述故障发生的影响。

最常见的门级故障模型是单固定型故障，它是导致逻辑电路中的线路永久固定在逻辑1或0的一种故障[1]。此故障模型假设电路的基本功能不会因故障而改变，即组合电路不会转换为时序电路，或者与门（AND）不会变成或门（OR）。由于简单和高效，单固定型故障是最常见的故障模型。

在多固定型故障模型中，逻辑电路中的多条线路固定在某些逻辑值（相同的或不同的），k 条线路的电路具有 $2k$ 个不同的单固定型故障和 $3^k - 1$ 个不同的多固定型故障。因此，对于大电路来说，测试所有可能的多固定型故障显然是不可行的。

我们可以通过将由无故障电路实现的函数 $f(x_1, x_2, \cdots, x_n)$ 对应的真值表与由具有固定故障（α）的电路实现的函数 $f^\alpha(x_1, x_2, \cdots, x_n)$ 对应的真值表进行比较来测试电路的固定故障。对于使 $f(x_1, x_2, \cdots, x_n) \neq f^\alpha(x_1, x_2, \cdots, x_n)$ 的任意输入变量 $(x_1, x_2, \cdots, x_n)$ 都是对固定故障 α 的检测。

例 2. 2 考虑图 2.1 所示的逻辑电路，它实现布尔函数 $f(x_1, x_2, x_3) = x_1 x_2 + x_2 x_3$。图 2.1 中的 × 点（标记为 s-a-0）表示线路中存在固定为 0 的故障的位置，函数变为 $f^\alpha(x_1, x_2) = x_1 x_2$。

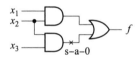

图 2.1　例 2.2 的逻辑电路

函数 f 和 f^α 的真值表如表 2.2 所示，由此可知，对于输入任务值 $(x_1, x_2, x_3) = (0, 1, 1)$，$f(0, 1, 1) \neq f^\alpha(0, 1, 1)$，因此可以将输入任务值 $(0, 1, 1)$ 当作对此故障的检测。

表 2. 2　图 2.1 所示电路在无故障（f）和故障 α（f^α）情况下的布尔函数真值表

x_1	x_2	x_3	f	f^α
0	0	0	0	0
0	0	1	0	0
0	1	0	0	0
0	1	1	1	0
1	0	0	0	0
1	0	1	0	0
1	1	0	1	1
1	1	1	1	1

门级故障的另一个例子是桥连故障。桥连故障是指逻辑电路中两条线路短路[1]，这种情况可能导致信号变成在一起的或门（OR）或者与门（AND），并且桥连故障可以产生反馈回路，将组合电路转换为时序电路。因为桥连故障依赖于多条线路，所以这种故障更难检测。

2.3.5　软件故障

系统中有超过一半以上的故障是由软件引起的，而软件的特性是其故障的主要产生来源。

首先，软件不会受到在制造过程中随机缺陷的影响，且不会磨损。与硬件中的机械或电子部件不同，软件不会变形、破坏或受环境因素影响。假设软件具有确定性，如果存储软件的硬件不存在问题，那么软件在相同情况下的表现总是相同的。由于这些原因，软件相关失效的主要来源是设计故障[18]。设计故障通常与不确定的人为因素有关，因此更加难以预防。在硬件中虽然也可能存在设计故障，但是其他类型的故障（如由环境因素引起的制造缺陷和瞬态故障）通常占主导地位。

其次，在软件生命周期中，可靠性升级或特性升级可能带来新的故障。可靠性升级旨在通过使用更好的开发过程（如洁净室方法[19]）重新设计或重新实现某些模块来增强软件的可靠性或安全性；特性升级是指提升软件的功能。然而，好的想法可能带来不好的结果，例如，1991 年加利福尼亚州和美国东部沿海地区的当地电话系统停止工作，原因是在数百万行程序中改变了三行代码[13]。

2.4　可信性措施

可信性措施是指开发可信系统的方法和技术。作为本书的主题，故障容限是其中方法之一，通常与其他方法结合在一起实现可信性，如故障预防、故障排除和故障预测[6]。故障预防旨在防止故障的发生或引入；故障排除旨在减少系统中存在的故障数量；故障预测则评估现存的故障数量，以及未来可能发生的故障及其对系统的影响。

2.4.1　故障容限

故障容限的目标是开发当出现故障时还能正常运行的系统。正如在 1.2 节中所提到的，故障容限通过使用一些冗余来实现，冗余允许通过随后的定位、控制和恢复来屏蔽或检测故障。冗余虽然是必要的，但是仅靠冗余还不足以进行故障容限。例如，如果没有提供某种形式的监测（这种监测能分析结果并选择正确的结果），那么并行连接的两个备份部件不会使系统实现故障容限。

故障屏蔽是尽管存在故障，但可确保只有正确的值能传递到系统输出的过程，这是通过纠正错误（或以某种方式补偿错误）以防止系统受错误影响来完成的。由于系统不显示故障的影响，所以故障的存在对用户（或操作员）是不可见的。例如，由纠错码保护的存储器在系统使用数据之前会纠正故障位；故障屏蔽的另一个例子是具有多数表决的三模冗余。

故障检测是确定系统内故障已发生的过程，如验收测试和比对就是故障检测技术的具体方式。验收测试是一种故障检测机制，可用于没有备份部件的系统，在软件系统中很常见[22]。程序的结果需要经过测试，如果通过测试，程序将继续执行；如果验收测试失败，就意味着出现故障。比对是用于检测故障的替代技术，用于具有备份部件的系统。它比较两个部件的输出结果，结果中的不一致就表明存在故障。

故障定位是确定故障发生位置的过程，验收测试的结果失败仅能表明存在故障而不能确定故障发生的具体位置；类似地，当在两个部件的比对期间存在不一致时，也不能分辨两个部件中的哪一个出现了故障。

故障抑制是隔离故障并防止故障影响在整个系统中传播的过程，这通常通过频繁的故障检测、多次请求/确认协议以及通过在部件之间执行一致性检查来实现。

一旦识别了故障部件，系统就会通过重新配置自己，将故障部件与系统的其他部分隔离开来，从而恢复运行状态。这可以通过用冗余备份部件替换故障部件来实现，或者系统可以关闭故障部件，并以降级能力继续运行，这就是所谓的优雅降级。

2.4.2　故障预防

故障预防是一组试图在一开始就防止系统中引入或发生故障的技术，通过在设计过程的规格说明书、设计实现和制造方案阶段采取质量控制技术来实现故障预防。对于硬件，故障预防包括设计评审、部件筛选和测试[27]；对于软件，故障预防则包括结构化编程、模块化和规范化验证技术[29]。

严格的设计审查可以消除许多规格说明书错误；如果设计得到有效测试，则可以避免许多故障和部件缺陷；通过屏蔽、辐射加固等可以防止外部干扰

（如雷电或辐射）引入的故障；通过培训和规范的维护程序能避免用户和操作故障，而防火墙或类似的安全手段可以减少因病毒或黑客造成的恶意故障。

2.4.3　故障排除

故障排除是一组旨在减少系统中存在的故障数量的技术，在开发阶段以及系统运行期间执行故障排除。开发阶段中的故障排除涉及三个步骤：验证、诊断和纠正。系统运行期间的故障排除包括纠正性维修和预防性维修。

验证是检查系统是否满足一组给定条件的过程，如果不满足给定的条件，则执行以下两个步骤：诊断出阻止条件满足的故障，并实施必要的纠正。

预防性维修是在故障发生之前更换部件或进行调整，目的是通过避免磨损引起的老化效应来提高系统长期工作的可信性。与此相反，纠正性维修是在故障发生后实施，目的是尽快使系统恢复运行。

2.4.4　故障预测

故障预测是一组评估系统中现存故障数量、未来可能发生的故障及其影响的技术。故障预测是通过评估使故障发生或激活的系统行为来完成的，可以从定性和定量两个维度来进行评估。定性评估的目标是对导致系统失效的失效模式或事件组合进行排序，而定量评估的目标是根据概率来评估可信性的某些属性得到满足的程度。简单的评估仅仅通过考虑系统中冗余成功路径的数量来测量冗余，更复杂的评估是为了验证每一个潜在的故障都有可能改变系统抵抗故障进一步发生的能力。我们将在下一章中更详细地研究定性评估技术。

2.5　小结

在本章，我们研究了可信性的基本概念及其与故障容限的关系，考虑了可信性的三个主要属性——可靠性、可用性和安全性，并分析了引起系统停止运行的各种原因，讨论了开发可信系统的故障容限，以及其他互补技术，如故障预防、故障排除和故障预测。

思考题

2.1　故障容限的主要目标是什么？

2.2 请举三个系统故障可能导致人们花费更多的生活成本或引起环境灾难的应用例子。

2.3 系统的可信性是什么？为什么现在计算系统的可信性是一个关键问题？

2.4 可信性的三个基本特征是什么？

2.5 可信性的属性表达了什么？为什么不同的属性用于不同的应用？

2.6 定义系统的可靠性。可靠性表征了系统的哪些属性？在哪些情况下需要高可靠性？

2.7 定义系统的点、区间和稳态可用度。在需要高可用度的应用中，我们希望最大化哪种属性？

2.8 系统的可靠度和可用度之间有什么区别？如果系统不可维修，那么点可用度与系统可靠度相比如何？什么是不可维修系统的稳态可用度？

2.9 在 $A(\infty) = 90\%$、75% 和 50% 的情况下，计算每年的停机时间。

2.10 电话系统每年停机时间不到 3 min。它的稳态可用度是多少？

2.11 定义系统的安全性。为进行安全性分析，失效被划分成哪两组？举例说明需要高安全性的应用。

2.12 什么是可信性损伤？

2.13 解释故障、错误和失效之间的差异，以及它们之间的关系。

2.14 描述四种主要的故障源，并分别举例。在你看来，哪类原因会导致"最昂贵"的故障？

2.15 什么是共模故障？共模故障是由怎样的现象引起的？哪种系统最容易受到共模故障的影响？举个例子。

2.16 根据故障持续时间硬件故障如何进行分类？举例说明每种类型的故障。

2.17 为什么引入故障模型？故障模型能保证 100% 的准确性吗？

2.18 举一个组合逻辑电路的例子，其中给定线路上的单固定型故障不会导致输出错误。

2.19 考虑图 5.11 所示的全加法逻辑电路。

（1）在输入 b 上找到固定 1 故障的测试。

（2）在输入 a 的扇出分支上找到固定 0 故障的测试，该分支反馈到一个与门（AND）。

2.20 证明具有 k 条线路的逻辑电路具有 $3^k - 1$ 个不同的多固定型故障。

2.21 假设以下列方式修改固定型故障模型，不是让逻辑电路中的线路永久地固定在逻辑 1 或 0 值，而是将晶体管永久地打开或关闭。请绘制 CMOS 与非门的晶体管级电路图。

（1）举例说明电路中的故障，该故障可以通过新模型建模，但不能通过标准固定型故障模型建模。

（2）查找电路中的故障，该故障不能通过新模型建模，但可以通过标准固定型故障模型建模。

2.22　解释软件故障和硬件故障之间的主要区别。

2.23　可信性措施是什么？故障预防、故障排除和故障预测的主要目标是什么？

2.24　什么是冗余？冗余对于故障容限是必要的吗？任何冗余系统都是故障容限的吗？

2.25　故障需要检测才能被屏蔽吗？

2.26　定义故障抑制，解释故障抑制很重要的原因。

2.27　定义优雅降级，举例说明值得拥有优雅降级的应用。

2.28　从硬件和软件两个方面举例说明如何实现故障预防？

2.29　在系统寿命的哪个阶段实施故障排除？

2.30　验证的目标是针对哪些类型的故障？

2.31　预防性维修和纠正性维修的目标是什么？

参考文献

［1］Abramovici, M., Breuer, M. A., Frideman, A. D.: Digital system testing and testable design. Computer Science Press, New York（1995）

［2］Akamai: Akamai reveals 2 seconds as the new threshold of acceptability for ecommerce web page response times（2000）. http://www.akamai.com/html/about/press/releases/2009/press_091409.html

［3］Avižienis, A.: Fault – tolerant systems. IEEE Trans. Comput. **25**（12）, 1304 – 1312（1976）

［4］Avižienis, A.: The four – universe information system model for the study of fault – tolerance. In: Proceedings of the 12th Annual International Symposium on Fault – Tolerant Computing, FTCS'82, IEEE Press, pp. 6 – 13（1982）

［5］Avižienis, A.: Design diversity: An approach to fault tolerance of design faults. In: Proceedings of the National Computer Conference and Exposition, pp. 163 – 171 (1984)

[6] Avizienis, A. , Laprie, J. C. , Randell, B. , Landwehr, C. : Basic concepts and taxonomy of dependable and secure computing. IEEE Trans. Dependable Secur. Comput. **1**(1), 11 – 33 (2004)

[7] Berry, J. M. : $32 billion overdraft resulted from snafu (1985). http://catless. ncl. ac. uk/Risks/1. 31. html#subj4

[8] Bowen, J. , Stravridou, V. : Safety – critical systems, formal methods and standards. IEE/BCS Softw. Eng. J. **8**(4), 189 – 209 (1993)

[9] Deverell, E. : The 2001 Kista Blackout: Corporate Crisis and Urban Contingency. The Swedish National Defence College, Stockholm (2003)

[10] Gray, J. : A census of TANDEM system availability between 1985 and 1990. IEEE Trans. Reliab. **39**(4), 409 – 418 (1990)

[11] Hayes, J. : Fault modeling for digital MOS integrated circuits. IEEE Trans. Comput. Aided Des. Integr. Circuits Syst. **3**(3), 200 – 208 (1984)

[12] IAEA: Frequently asked Chernobyl questions (2005). http://www. iaea. org/newscenter/features/chernobyl – 15/cherno – faq. shtml

[13] Joch, A. : How software doesn't work: nine ways to make your code reliable (1995). http://www. welchco. com/02/14/01/60/95/12/0102. HTM

[14] Johnson, B. W. : The Design and Analysis of Fault Tolerant Digital Systems. Addison – Wesley, New York (1989)

[15] Karlsson, I. : Utvärdering av birka energi (Birka Energi's Evaluation), Sweden (2001)

[16] Laprie, J. C. : Dependable computing and fault tolerance: Concepts and terminology. In: Proceedings of 15th International Symposium on Fault – Tolerant Computing (FTSC – 15), IEEE Computer Society, pp. 2 – 11 (1985)

[17] Lions, J. L. : Ariane 5 flight 501 failure, report by the inquiry board (1996). http://www. esrin. esa. it/htdocs/tidc/Press/Press96/ariane5rep. html

[18] Lyu, M. R. : Introduction. In: Lyu, M. R. (ed.) Handbook of Software Reliability, pp. 3 – 25. McGraw – Hill, New York (1996)

[19] Mills, H. , Dyer, M. , Linger, R. : Cleanroom software engineering. IEEE Softw. **4**(5), 19 – 25(1987)

[20] NASA: The Role of Small Satellites in NASA and NOAA Earth Observation

Programs. Space Studies Board, National Research Council, National Academy of Sciences, Washington, USA(2000)

[21] Nelson, V. P.: Fault – tolerant computing: fundamental concepts. IEEE Comput. **23**(7), 19 – 25(1990)

[22] Randell, B.: System structure for software fault tolerance. In: Proceedings of the International Conference on Reliable Software, pp. 437 – 449 (1975)

[23] Saleh, R., Wilton, S., Mirabbasi, S., Hu, A., Greenstreet, M., Lemieux, G., Pande, P., Grecu, C., Ivanov, A.: System – on – chip: Reuse and integration. Proc. IEEE **94**(6) (2006)

[24] Smith, M.: RAM reliability: Soft errors (1998). http://www. crystallineconcepts. com/ram/ramsoft. html

[25] Smith, M. D. J., Simpson, K. G.: Safety Critical Systems Handbook, 3rd edn. Elsevier Ltd., New York (2011)

[26] Tezzaron Semiconductor: Soft errors in electronic memory (2004). http://www. tezzaron. com/about/papers/papers. html

[27] Tumer, I. Y.: Design methods and practises for fault prevention and management in spacecraft. Tech. Rep. 20060022566, NASA (2005)

[28] Pratt, V.: Anatomy of the pentium bug. In: Mosses, P. D., Nielsen, M., Schwartzbach, M. I. (eds.) TAPSOFT'95: Theory and Practice of Software Development, vol. 915, pp. 97 – 107. Springer, Verlag (1995)

[29] Yu, W. D.: A software fault prevention approach in coding and root cause analysis. Bell Labs Tech. J. **3**(2), 3 – 21 (1998)

[30] Ziegler, J. F.: Terrestrial cosmic rays and soft errors. IBM J. Res. Dev. **40**(1), 19 – 41(1996)

第3章 可信性评估技术

"人们在设计完全万无一失的东西时常犯的一个错误就是低估了完全愚蠢的人的创造力。"

——道格拉斯·亚当斯（Douglas Adams），《基本无害》

除了成本、性能以外，可信性是人们进行与系统相关决策的第三个关键标准。可信性评估很重要，因为它有助于识别系统的哪些方面对于可信性的影响至关重要。例如，这些方面有可能是元器件可靠性、故障覆盖率和维修策略等。一旦识别了关键点，设计师就能在产品开发的早期阶段关注改进措施。

可信性评估有两种常规方法：在设计阶段进行系统建模；在之后的阶段进行系统评估，典型的是试验。

第一种方法依靠模型，这些模型利用来自手册（或厂商提供）的元器件失效率来评估整个系统的可信性。这个方法的最大优势是提供了一个系统可信性的早期评估。但是，模型和基本假设需要在稍后的设计过程中通过实际措施来验证。第二种方法的典型是利用试验数据和可靠性增长模型[1,3]。相较于第一种方法，它涉及的假设少，但是成本高。

一个系统的可信性要求越高，试验时间就越长，通过试验获得的可靠性数据转换为使用环境的应用可靠性数据的难度就越大。在本章，我们主要关注可信性评估的第一种方法。

可信性评估可以是定性的或者是定量的。定性评估的目标是对故障模式或可能导致系统失效的关联事件进行识别、分类和排序。例如，分析部件故障或者环境条件。定量评估的目标是根据概率来评估系统可靠性、可用性和安全性。例如，这可以通过可靠性框图、马尔可夫过程来进行。在本章，我们主要关注定量评估。

本章按以下顺序来组织编写：

（1）对概率论作简明介绍。这些理论对理解目前的材料是必要的。

（2）介绍可信性的共性参数，如失效率、平均故障时间和平均修复时间等。

（3）描述组合的和随机的可信性模型。

（4）展示如何利用这些模型来评估系统可靠性、可用性和安全性。

3.1　概率论基础

概率是数学的一个分支，是研究特定事件的可能结果及其相关的可能性和分布[5]。通常所说的"概率"，是指用来表示特定事件出现的机会，使用从 0（不可能）和 1（必然）的范围来表示。

概率论的公理 1 规定：事件 A 的概率值属于一个区间[0,1]，即

$$0 \leqslant P(A) \leqslant 1 \tag{3.1}$$

用 $\overline{A}$ 表示事件"非 A"。例如，如果 A 代表"下雨"，则 $\overline{A}$ 代表"不下雨"。概率论的公理 2 规定：事件 $\overline{A}$ 的概率等于 1 减去事件 A 的概率，即

$$P(\overline{A}) = 1 - P(A) \tag{3.2}$$

假定事件 A 依赖于事件 B，那么 $P(A|B)$ 表示在给定事件 B 下，事件 A 发生的条件概率。概率论的第四准则规定：事件 A 和 B 同时发生的概率 $P(A \cdot B)$ 等于事件 B 的发生概率 $P(B)$ 乘以条件概率 $P(A|B)$，即

$$P(A \cdot B) = P(A|B) \times P(B), 假设 A 依赖于 B \tag{3.3}$$

记号 $P(A|B)$ 读作"给定事件 B 下事件 A 的概率"。

如果 $P(B) > 0$，那么式（3.3）可改写为

$$P(A|B) = \frac{P(A \cdot B)}{P(B)} \tag{3.4}$$

一个特例就是，两个事件相互独立的情况。如果事件 A 和事件 B 是相互独立的，那么概率 $P(A)$ 就不会依赖于事件 B 是否发生，反之亦然。因此，$P(A|B) = P(A)$。于是，对于相互独立的事件，式（3.3）简化为

$$P(A \cdot B) = P(A) \times P(B), 假设 A 和 B 是相互独立的事件 \tag{3.5}$$

另一个特例是，两个事件相互排斥的情况。如果事件 A 发生，B 就不会发生；反之亦然。在这种情况下，$P(A \cdot B) = 0$。因此，式（3.3）变为

$$P(A \cdot B) = 0, 假设 A 和 B 是相互排斥的事件 \tag{3.6}$$

最后，考虑这种情况：或者事件 A 发生，或者事件 B 发生，或者两者都发生。那么，概率 $P(A + B)$ 为

$$P(A + B) = P(A) + P(B) - P(A \cdot B) \tag{3.7}$$

联合式（3.6）和式（3.7），得到

$$P(A + B) = P(A) + P(B)，假设 A 和 B 是相互排斥的事件 \tag{3.8}$$

考虑 n 个独立的成败事件，其中恰好有 k 个成功事件的概率为

$$P(n \text{ 中有 } k \text{ 个成功事件}) = \binom{n}{k} P^k (1 - P)^{n-k}$$

其中，P 是单一事件成功的概率，$\binom{n}{k} = \dfrac{n!}{(n-k)!k!}$

n 个独立的成败事件中至少有 k 个成功事件的概率为

$$P(n \text{ 中至少有 } k \text{ 个成功事件}) = \sum_{i=k}^{n} \binom{n}{i} P^i (1 - P)^{n-i} \tag{3.9}$$

例 3.1 计算在一辆四轮汽车中，4 个轮胎中有不超过 2 个轮胎发生失效的概率，假设单个轮胎的可靠度是 $R(t)$，每个轮胎失效是相互独立的事件。

解： 根据式（3.2），4 个轮胎中有不超过 2 个轮胎发生失效的概率为

$$P(4 \text{ 个轮胎中不超过 2 个轮胎发生失效})$$

$$= 1 - P(4 \text{ 个轮胎中至少有 3 个轮胎工作正常})$$

根据式（3.9），3 个或者更多轮胎工作正常的概率为

$$P(4 \text{ 个轮胎中至少有 3 个轮胎工作正常}) = \binom{4}{3} R(t)^3 (1 - R(t)) + \binom{4}{4} R(t)^4$$

$$= 4R(t)^3 (1 - R(t)) + R(t)^4$$

3.2 常见的可信性指标参数

在本节，我们将讨论常见的可信性指标参数，如失效率、平均故障前时间、平均修复时间、平均故障间隔时间和故障覆盖率等。

3.2.1 失效率

失效率的定义是每单位时间预期的失效数量[15]。对于硬件来说，一个系统寿命周期中失效率的典型变化可以用图 3.1 所示的"浴盆曲线"来说明。这条曲线分为 3 个阶段[15]：I. 早期失效阶段；II. 使用阶段；III. 磨损失效阶段。在系统寿命周期的开始阶段，由于薄弱元器件（在制造测试期间忽略了制造缺陷）的频繁失效，失效率快速下降。经过一段时间后，失效率趋于稳定并保持不变。最后，随着电子元器件或机械部件的疲劳损伤，失效率上升。

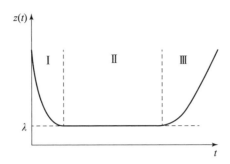

图 3.1　典型的硬件系统失效率变化

Ⅰ—早期失效阶段；Ⅱ—使用阶段；Ⅲ—磨损失效阶段

在系统的使用寿命阶段，失效率函数 $Z(t)$ 假定为常值 λ。因此，系统可靠度随时间呈指数变化下降：

$$R(t) = e^{-\lambda t} \tag{3.10}$$

这称为指数失效规律，其曲线如图 3.2 所示。

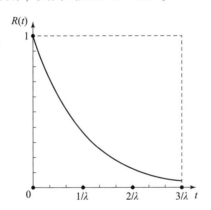

图 3.2　指数失效规律示意

失效率数据经常在元器件层级提供。某些政府和商业组织收集、发布各种元器件和部件的失效率数据。例如，电气和电子工程师协会（IEEE）标准 500 提供了电子、电气和传感器的失效率，以及核电站上机械设备的失效率[6]；美军标 MIL–HDBK–338 描绘了军用电子元器件的失效率[8]，非电部件的失效率可由《非电部件可靠性数据手册》[10] 提供，离岸可靠性数据（OREDA）库提供了多种工艺设备的统计分析结果[11]。

如果元器件的失效率可用，通过将元器件失效率相加，就可以得到一个使用阶段的非冗余系统的失效率粗略估计。

$$\lambda = \sum_{i=1}^{n} \lambda_i \tag{3.11}$$

式中，λ_i 为元器件 i 的失效率，$i \in \{1, 2, \cdots, n\}$。

上式假定元器件失效是相互独立事件。

例3.2 一个无冗余的逻辑电路，由 16 个 2 输入的与非门和 3 个触发器组成。与非门和触发器具有不变的失效率，分别为 $0.311 \times 10^{-7}/h$ 和 $0.412 \times 10^{-7}/h$，假定元器件失效是相互独立事件，计算：

（1）该逻辑电路的失效率。

（2）该逻辑电路在 1 年任务期的可靠度。

解：（1）由于该逻辑电路不包含冗余器件，根据式（3.11），能够算出该逻辑电路的失效率为

$$\lambda_{电路} = 16\lambda_{与非门} + 3\lambda_{触发器} = 0.621\,2 \times 10^{-6}/h$$

（2）根据式（3.10），该逻辑电路在 1 年任务期的可靠度为

$$R(t) = e^{-\lambda t} = e^{-0.621\,2 \times 10^{-6} \times 8\,760} = 0.994\,6$$

因此，该逻辑电路在 1 年任务期的可靠度为 99.46%。

注意：将 1 年转化为小时（h），即 1 年 = 365 天 × 24 h = 8 760 h。

例3.3 某汽车制造商估计齿轮箱的可靠度在使用的头 3 年为 82%。假定失效率为常值，请确定在使用的头一年由于齿轮箱失效导致返厂维修的车辆百分比。

解：根据式（3.10），我们得出齿轮箱的失效率为

$$\lambda = -\frac{\ln R(t)}{t} = -\frac{\ln 0.82}{3} = 0.066\,2$$

因此，能够得出有 6.62% 的车在使用的头 1 年由于齿轮箱失效导致返厂维修。

例3.4 某 ATM 制造商测定他们产品的失效率在正常使用中是一个 $\lambda = 0.017/$年的常值。请估计保修期需设置多长才能保证不超过 5% 的机器返厂维修。

解：如果不超过 5% 的机器返厂维修，那么机器可靠度为 $R(t) \geq 0.95$。根据式（3.10），我们能够得出可靠度 $R(t) \geq 0.95$ 对应的时间间隔为

$$t \leq -\frac{\ln R(t)}{\lambda} = -\frac{\ln 0.95}{0.017} = 3.017\,2$$

因此，应将机器的保修期设为 3 年。

指数失效定律有助于硬件系统的可靠性评估，因为对失效率为常值的假设是现实可行的。但是，在软件系统中，失效率通常是随时间函数而减小的。随时间变化的失效率函数可使用威布尔分布[15]来建立：

$$z(t) = \alpha\lambda(\lambda t)^{\alpha-1}$$

式中，α 和 λ 为常数，决定 $z(t)$ 随时间的变化。

我们要区别以下三种情况：

（1）如果 $\alpha = 1$，那么 $z(t) = \lambda$。

（2）如果 $\alpha > 1$，那么 $z(t)$ 随时间增加。

（3）如果 $\alpha < 1$，那么 $z(t)$ 随时间减小。

因此，软件系统可以使用 $\alpha < 1$ 的威布尔分布来建模[7]。

软件系统中失效率的典型变化如图 3.3 所示，变化分为 3 个阶段[13]：Ⅰ. 测试/调试阶段；Ⅱ. 使用阶段；Ⅲ. 废弃阶段。

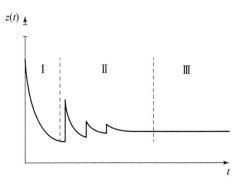

图 3.3　典型的软件系统失效率变化

Ⅰ—测试/调试阶段；Ⅱ—使用阶段；Ⅲ—废弃阶段

硬件和软件之间失效率的变化[13]存在两个主要不同。一个不同是在使用阶段，由于特性升级，软件失效率通常会经历周期性的增加。因为特性升级增强了软件的功能，同时也增加了复杂度，这样会导致出现故障的概率更高。特性升级之后，由于故障暴露和修复，失效率逐渐稳定。另一个不同是在最后阶段，软件失效率不会增加。在这个阶段，软件接近于废弃。因此，没有进行升级和改变的动力。

在使用阶段，软件失效率受很多因素影响，包括复杂度和软件代码规模、用于开发代码的软件过程、开发团队的经验、来自以前稳定项目的复用代码的百分比，以及测试/调试阶段测试的强度和深度。

3.2.2　平均故障前时间

另一个经常使用的可信性参数是平均故障前时间。一个系统的平均故障前时间（MTTF）是指系统首次出现失效的预期时间。

如果在 $t = 0$ 时刻将 n 个相同的元器件投入使用，接着测量每个元器件

运行直到失效的时间 t_i，$i = \{1, 2, \cdots, n\}$，则 MTTF 为

$$\text{MTTF} = \frac{1}{n} \sum_{i=1}^{n} t_i \qquad (3.12)$$

MTTF 与可靠度的关系如下：

$$\text{MTTF} = \int_0^{\infty} R(t)\,\mathrm{d}t \qquad (3.13)$$

如果可靠度函数遵循指数失效规律，则式（3.13）可化简为

$$\text{MTTF} = \frac{1}{\lambda} \qquad (3.14)$$

通常，将 MTTF 表示成单位时间内失效数（FIT）格式，即运行 10 亿小时会发生多少失效数。如果将 MTTF 用小时来表示，则

$$\text{FIT} = \frac{10^9}{\text{MTTF}}$$

例 3.5 某电动机生产商测定他们产品的失效率在正常使用阶段是 $\lambda = 0.549 \times 10^{-3}/\text{h}$ 的常值，计算产品的 MTTF 和 FIT 值。

解：根据式（3.14），计算 MTTF 如下：

$$\text{MTTF} = \frac{1}{\lambda} = \frac{1}{0.549 \times 10^{-3}} = 1\ 822\ \text{h}$$

将 MTTF 表示成每运行 10 亿小时的格式，就得到 FIT 值：

$$\text{FIT} = \frac{10^9}{\text{MTTF}} = \frac{10^9}{1\ 822} = 548\ 847\ /\text{h}$$

3.2.3　平均修复时间

一个系统的平均修复时间（MTTR）是系统修复所需的平均时间。

MTTR 通常根据修复率（μ）来具体说明，修复率是指单位时间内预期完成的修复次数[16]。

$$\text{MTTR} = \frac{1}{\mu} \qquad (3.15)$$

MTTR 依赖于系统中使用的故障恢复机制、系统的位置、备件的位置（现场或异地）、维修计划等。低的 MTTR 要求意味着系统需要高的运行成本。例如，如果维修是通过替换硬件单元来进行，备件保留在现场且现场每天 24 h 维护，则期望的 MTTR 少于 1 h。然而，如果现场维护只是在一周内规定的工作时间里自由进行，则期望的 MTTR 将增加到几天。如果系统位置遥远，操作员需要乘飞机去替换故障单元，则 MTTR 将会是几周。在软件里，如果看

门狗时钟发现失效，则处理器会自动重启失败的任务，而无须重启操作系统，则 MTTR 会少于 1 min。如果软件不支持故障诊断，需要操作者手动重启，则根据系统的位置，MTTR 的范围从几分钟到几周不等。

例 3.6　计算每小时需设置多大修复率才能达到下列 MTTR：

（1）30 min；（2）3 天；（3）2 周。

解：根据式（3.15），能够得出修复率应被设置为

（1）$\mu = 2/h$；（2）$\mu = 0.138 \times 10^{-1}/h$；（3）$\mu = 0.297\ 6 \times 10^{-2}/h$。

如果系统在寿命期内经历了 n 个失效，则系统运行的全部时间为 $n \times$ MTTF。类似的，系统维修的全部时间为 $n \times$ MTTR。因此，式（2.2）表示的稳态可用度近似为[16]

$$A(\infty) = \frac{n\ \text{MTTF}}{n\ \text{MTTF} + n\ \text{MTTR}} = \frac{\text{MTTF}}{\text{MTTF} + \text{MTTR}} \quad (3.16)$$

根据式（3.14）和式（3.15）对应的 MTTF 和 MTTR 的表达式，可以得到

$$A(\infty) = \frac{\mu}{\mu + \lambda} \quad (3.17)$$

例 3.7　某打印机的 MTTF = 2 160 h 和 MTTR = 36 h。

（1）估计稳态可用度。

（2）如果 MTTR 减小到 12 h，在不改变稳态可用度的情况下，计算 MTTF。

解：（1）根据式（3.16），我们得出该打印机的稳态可用度为

$$A(\infty) = \frac{\text{MTTF}}{\text{MTTF} + \text{MTTR}} = \frac{2\ 160}{2\ 160 + 36} = 0.983\ 6$$

（2）根据式（3.16），我们得到下面的 MTTF 公式，该公式是一个包含 $A(\infty)$ 和 MTTR 的函数：

$$\text{MTTF} = \frac{A(\infty) \times \text{MTTR}}{1 - A(\infty)}$$

如果 MTTR = 12 h，$A(\infty) = 0.983\ 6$，则可以得到

$$\text{MTTF} = \frac{0.983\ 6 \times 12}{1 - 0.983\ 6} = 719.7$$

所以，如果 MTTR 减小到 12 h，在不降低稳态可用度的情况下，我们能够接受打印机的 MTTF 为 719.7 h。

例 3.8　某复印机的失效率是一个 $0.476 \times 10^{-3}/h$ 的常值，要获得一个 98.87% 的稳态可用度，估计需要多大的修复率？

解：根据式（3.17），我们能够得出下面的修复率公式——一个包含

$A(\infty)$ 和失效率的函数。

$$\mu = \frac{\lambda}{1 - A(\infty)} = \frac{0.476 \times 10^{-3}}{1 - 0.988\,7} = 0.042\ 1/h$$

3.2.4　平均故障间隔时间

一个系统的平均故障间隔时间（MTBF）是指系统故障之间的平均时间。

假设一次维修会使系统完好，则 MTBF 和 MTTF 的关系如下：

$$\text{MTBF} = \text{MTTF} + \text{MTTR} \tag{3.18}$$

例3.9　某电话交换系统的失效率是一个 $0.12 \times 10^{-2}/h$ 的常值，每年有 3 min 的检修停工期，试估计其 MTBF。

解：如果该系统的检修停工期是每年 3 min，那么其稳态可用度为 $A(\infty) = 0.999\,4$。该系统的 MTTF 为 MTTF $= 1/\lambda = 833.3$ h。根据式（3.16）和式（3.18），我们能得到：

$$\text{MTBF} = \frac{\text{MTTF}}{A(\infty)} = \frac{833.3}{0.999\,4} = 833.8\ h$$

3.2.5　故障覆盖率

根据我们关注的是故障检测、故障定位、故障隔离还是故障恢复，有几种故障覆盖率。直观而言，故障覆盖率是一种概率，即当一个故障发生后，系统不会出现不能执行预期动作的概率。不同类型的故障覆盖率用条件概率 $P(A|B)$ 定义如下[7]：

故障检测率是指，假如存在一个故障，系统能够检测出来的条件概率为

$$C = P(\text{故障检测} | \text{故障存在})$$

例如，一个典型的工业要求是在专用集成电路（ASICs）的生产试验中，应能检测出 99% 的单固定型故障[12]。如果用故障检测率 $C = 0.99$ 作为代表系统能力的指标参数，那么就能够满足这样的要求。

类似的，我们能定义其他类型的故障覆盖率。

故障定位率是指，假如存在一个故障，系统能够定位的条件概率为

$$C = P(\text{故障定位} | \text{故障存在})$$

故障隔离率是指，假如存在一个故障，系统能够隔离的条件概率为

$$C = P(\text{故障隔离} | \text{故障存在})$$

故障恢复率是指，假如存在一个故障，系统能够恢复的条件概率为

$$C = P(\text{故障恢复} | \text{故障存在})$$

例 3.10　某逻辑电路含有 3 200 根电线，有 20 个不可检测的固定型故障。为生产试验开发的设备能检测电路中 6 252 个单固定型故障，请检查产生的故障覆盖率能否满足可检测故障中 99% 的故障检测率这一工业要求。

解：由于每根线有两种可能故障——固定 0 故障和固定 1 故障，电路的整个故障数为 6 400 个。可检测故障的故障检测率计算为

$$C = \frac{\text{检测出来的故障数}}{\text{可检测的故障数}} = \frac{6\ 252}{6\ 400 - 20} = 0.979\ 9$$

因此，能够得出开发的试验设备不能满足可检测故障中 99% 的故障检测率这一工业要求。

3.3　可信性建模

在本节我们考虑两类可信性模型：组合模型和随机模型。组合模型假定单个部件的失效是相互独立的；随机模型将部件失效之间的联系一并考虑，能够分析更加复杂的事件链。

3.3.1　可靠性框图

组合可靠性模型包括：可靠性框图、故障树和可靠性图表。其中，可靠性框图是应用时间最长且最常见的可靠性模型。本书中，我们聚焦可靠性框图，只简单涉及故障树和可靠性图表。

可靠性框图是以抽象的视角来描述系统。部件用方框图来描述。方框之间的联系表示一个系统各部件之间运行的依赖性，与部件之间的物理联系不必相关。如果各部件对系统运行都是必需的，则方框图之间的关联是串联关系；如果部件中有一个对系统运行就足够了，则方框图之间的关联是并联关系。两个部件分别是串联、并联关系的系统可靠性框图如图 3.4 所示。若建立更复杂的系统模型，则可将系统分割成串联和并联子系统，然后将这些子系统的可靠性框图（RBD）组合成一个大的可靠性框图。

图 3.4　两个部件分别是串联、并联关系的系统可靠性框图

（a）串联；（b）并联

作为一个例子，考虑一个由两个完全一样的处理器和一个存储器组成的系统，其可靠性框图（RBD）如图 3.5 所示。由于其中一个处理器对系统运行就足够，所以处理器是并联关系；由于存储器失效会引起系统失效，所以存储器是串联关系。

例 3.11　某系统由单元 A、B、C、D、E 等 5 个单元组成，系统正常工作的前提条件是：或者单元 A 和 B 工作正常，或者单元 C 工作正常以及单元 D、E 任意一个工作正常。请绘制该系统的可靠性框图（RBD）。

解：该系统的可靠性框图（RBD）如图 3.6 所示。

图 3.5　由两个完全一样的处理器和一个存储器　　图 3.6　例 3.11 对应的系统
组成的三单元系统可靠性框图（RBD）　　　　可靠性框图（RBD）

可靠性框图（RBD）是一种广受大众欢迎的模型，因为对于冗余系统建模，它们是易于理解和使用的。在 3.4.1 节，我们将展示它们对于使用分析方法也是易于评价的。然而，像其他的组合可靠性模型一样，可靠性框图（RBD）有许多限制。首先，可靠性框图（RBD）假定部件的状态只有工作和失效，系统配置在寿命期不变。基于此原因，可靠性框图既不能为备份部件建模，也不能为复杂的故障诊断和维修机制建模。其次，每个部件的失效假定为独立事件。因此，对于共享负载造成的影响不能通过可靠性框图（RBD）进行充分描述。

3.3.2　故障树

故障树模型是由贝尔电话实验室为民兵洲际弹道导弹的发射控制系统进行安全评估而开发的[4]，后来它被应用到可靠性分析中。

故障树描绘了会导致系统失效的有关联的一组可能事件。系统部件之间的工作依附关系通过布尔门（如与门、或门）来表示。部件表示成故障树的输入节点，给逻辑门提供输入。当某个部件失效，对应逻辑门的输入就变成真值（TRUE）。如果任意一个或门的输入变成真值（TRUE），那么它的输出也变成真值（TRUE）。或门的输入是这样的部件，其工作正常，系统才会工作正常。相反，与门的输入是这样的部件，其全部工作失效才会导致系统失效。与门的输出只有在其所有输入变成真值（TRUE）的情况下才会变成真值（TRUE）。

当处于故障树根部的逻辑门输出变成真值（TRUE）时，系统认为失效。通过将一棵故障树转换成对应的布尔方程式的方式，即可计算系统的可靠性[17]。

通过用与门替换串联路径、或门替换并联路径，并将德·摩根定律应用到生成的树中，可以将可靠性框图（RBD）转换成一棵故障树。

3.3.3　可靠性图表

可靠性图表[2]是一个非循环的定向图表，系统的每个部件用两个高点之间的定向边来表示，部件失效通过删除图表中的定向边来建模。某些被称为"∞"的特殊边表示部件不会失效，该图有两个指定的称为"源"和"库"的顶点，"源"是没有进来的边；"库"是没有出去的边。只要从"源"到"库"的顶点之间存在一条定向路径，就认为系统工作正常。

可靠性图表是一种简单的直观模型，因为它们的结构与所建模的系统结构匹配。但是，由于表达能力有限，对于复杂系统而言，绘制可靠性图表太困难，导致不可操作。

3.3.4　马尔可夫过程

马尔可夫过程理论起源于俄罗斯数学家马尔可夫，他是第一个正式描述随机过程的人。

马尔可夫过程是一类特殊的随机过程[9]，基本假设处于每个状态的系统行为是无记忆的，这表明系统现在所处状态的转移只由当前状态决定，而不由以前状态决定，也不由目前状态所要到达的时间决定。

在转移发生前，每个状态所处的时间遵循指数分布。如果所有事件（失效、维修等）都以恒定发生率发生，那么这个假设是令人满意的。由于有这个假设，因此马尔可夫过程并不适合为易于导致部件疲劳失效的系统行为建模，相反，可以使用通用随机过程来建模。

根据状态空间和时空特性，马尔可夫过程的分类如表 3.1 所示。

表 3.1　马尔可夫过程的四种类型

状态空间	时间空间	常见模型名称
离散	离散	离散时间马尔可夫链
离散	连续	连续时间马尔可夫链
连续	离散	连续状态、离散时间马尔可夫过程
连续	连续	连续状态、连续时间马尔可夫过程

在大多数可信性分析应用中，状态空间是离散的。例如，系统的每个部件都有两种状态：工作或失效。时间尺度通常是连续的，这意味着部件失效或维修时间是随机变量。因此，连续时间马尔可夫链（也称为连续马尔可夫模型）是最常见的。在本书中，我们关注此类马尔可夫链。然而，也有时间尺度是离散的应用情况，如同步通信协议和设备工作状态的转移等。如果时间和状态空间都是离散的，那么该过程称为离散时间马尔可夫链。

马尔可夫过程可通过状态转移图来形象化说明。状态转移图是一个有向图 $G = (V, E)$，V 代表系统状态的顶点设置，E 代表系统转移的边界设置。对于可信性模型来说，状态定义为工作部件和失效部件的特殊组合。例如，如果有一个由双部件组成的系统，则有 4 个不同的组合，如表 3.2 所示。其中，O 代表一个工作的部件，F 代表一个失效的部件。

表 3.2　双部件组成的系统对应的马尔可夫链状态表

部件		状态序号
1	2	
O	O	1
O	F	2
F	O	3
F	F	4

状态转移反映了系统状态发生的变化。例如，如果一个由两个相同部件组成的系统处于状态(O, O)，且第一个部件失效了，那么系统状态变化至(F, O)。所以，一个马尔可夫过程代表了一个系统发生的可能的事件链。在可信性评估中，这些事件是失效或者维修。

系统转移表的每个边带有一个标签，反映了状态转移发生的速度，根据建模目标的不同，这可能是失效率或者修复率。

我们通过一个由单部件组成的系统的例子来说明这个概念。

3.3.4.1　单部件组成的系统

单部件组成的系统只有两种状态：工作（状态 1）和失效（状态 2）。如果不允许维修，那么状态之间只有一个不可逆的转移，其标签 λ 对应于部件失效率，如图 3.7 所示。我们遵循习惯[9]，自转移是不出现的。在某些教科书中，自转移用环来表示[7,14]。

如果允许维修，那么在工作和失效之间就有一个可能的转移，其标签 μ

对应于部件修复率，如图 3.8 所示。

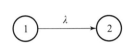

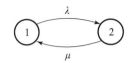

图 3.7　单部件组成系统的　　　　图 3.8　可维修的单部件组成
　　　马尔可夫链　　　　　　　　　　　系统的马尔可夫链

接下来，作为安全性评估的要求，假设我们要区分失效—安全和失效—不安全状态。让状态 2 作为失效—安全状态，状态 3 作为失效—不安全状态（见图 3.9）。状态 1 和状态 2 之间的转移是依赖部件失效率 λ 和故障检测率 C。回顾一下，故障检测率是如果故障存在，系统能够成功发现的概率。对于系统来说，为了在安全模式下采取对应措施来应对失效，故障检测是必要的。

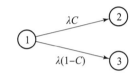

图 3.9　用作安全性评估的单
部件组成系统的马尔可夫链

类似的，状态 1 和状态 3 之间的转移是基于失效率 λ 和故障没被检测出来的概率（即 $1-C$）。

3.3.4.2　双部件组成的系统

两个部件组成的系统有 4 种可能状态，详见表 3.2。状态的变化可通过图 3.10 所示的状态转移图来说明。部件 1 的失效率 λ_1 和部件 2 的失效率 λ_2 分别表示状态之间转移的速度。假定两个部件相互独立且不可维修。

如果部件是串联配置，那么任何部件失效都会引起系统失效。因此，只有状态 1 是工作状态，状态 2、3、4 则是失效状态。如果部件是并联配置，那么两个部件都失效才会导致系统失效。因此，状态 1、2、3 是工作状态，而状态 4 是一个失效状态。

下面，假设部件是并联的且可维修的（只要系统不失效）。这意味着处于状态 2 和状态 3 的失效部件能被修复，如图 3.11 所示。部件 1 和部件 2 的修复率分别是 μ_1 和 μ_2。

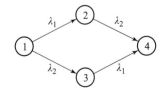

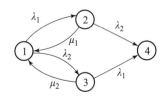

图 3.10　双部件组成系统的马尔可夫链　　图 3.11　可维修的双部件组成系统的马尔可夫链

3.3.4.3 状态转移图的简化

在不牺牲分析精度的情况下，缩减状态转移图的尺寸经常是可能的。例如，如果图3.10所示的状态转移图表示的双部件组成系统的部件有相同的失效率，即 $\lambda_1 = \lambda_2 = \lambda$，那么就没有必要区分状态2和状态3，两者都代表一个部件工作和一个部件失效的情况。所以我们将两个状态合并成一个状态，如图3.12所示。简化后的马尔可夫链的状态分配如表3.3所示。

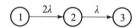

图3.12　简化后的双部件组成系统的马尔可夫链

表3.3　简化后的双部件组成系统对应的马尔可夫链的状态表

部件		状态序号
1	2	
O	O	1
O	F	2
F	O	2
F	F	4

由于将部件失效都假设为相互独立事件，从状态1到状态2的转移率是从状态1到状态2以及从状态1到状态3（见图3.10）的失效率之和，即 2λ。

例3.12　绘制三部件组成系统（其可靠性框图见图3.5）的马尔可夫链。假定一个失效处理器能以修复率 μ 完成修复（只要系统不失效），处理器1和处理器2的失效率均为 λ_P，存储器的失效率是 λ_M。

解： 生成的马尔可夫链如图3.13所示，其状态描述如表3.4所示，其中，P_1、P_2 分别代表处理器1、处理器2，M代表存储器。

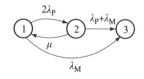

图3.13　三部件组成系统（其可靠性框图见图3.5）的马尔可夫链

表 3.4　图 3.13 对应的马尔可夫链的状态表

部件			状态序号
P_1	P_2	M	
O	O	O	1
O	O	F	3
O	F	O	2
O	F	F	3
F	O	O	2
F	O	F	3
F	F	O	3
F	F	F	3

3.4　可信性评估

在本节中，我们将描述如何利用可靠性框图和马尔可夫链来评估系统可信性。

3.4.1　利用可靠性框图（RBD）进行可靠性评估

为了计算用可靠性框图（RBD）表示的系统可靠度，首先将系统划分成串联和并联的子系统。接着，计算子系统的可靠度。最后，由子系统可靠性构成总体求解结果。

在串联系统中，所有部件工作正常才能保证系统正常工作。因此，根据式（3.5）可得

$$R_{串联}(t) = \prod_{i=1}^{n} R_i(t) \tag{3.19}$$

式中，$R_i(t)$ 是第 i 个部件的可靠度，$i \in \{1, 2, \cdots, n\}$。

在并联系统中，只要任意一个部件工作正常，那么系统就工作正常。因此，并联系统的不可靠度等于 n 个部件同时失效的概率，为

$$Q_{并联}(t) = \prod_{i=1}^{n} Q_i(t) = \prod_{i=1}^{n}(1 - R_i(t)) \tag{3.20}$$

因此，根据公理 2：

$$R_{并联}(t) = 1 - Q_{并联}(t) = 1 - \prod_{i=1}^{n}(1 - R_i(t))$$

总结以上，得

$$R(t) = \begin{cases} \prod_{i=1}^{n} R_i(t), & \text{串联结构} \\ 1 - \prod_{i=1}^{n} (1 - R_i(t)), & \text{并联结构} \end{cases} \qquad (3.21)$$

设计一个由很多部件组成的可靠的串联系统是困难的。例如，如果要对由 1 000 个部件组成的某串联系统进行建模，每个部件的可靠度为 0.999，那么整个系统的可靠度只有 $0.999^{1\,000} = 0.368$。

另一方面，尽管部件不可靠，但设计一个可靠的并联系统是可以的。例如，某并联系统由 4 个相同部件组成，每个部件的可靠度为 0.80，则系统可靠度为 $1 - (1 - 0.80)^4 = 0.998\,4$。然而，显然并联结构的成本会很高。

例 3.13 计算例 3.11 对应的系统可靠度。

解：根据图 3.6 所示的可靠性框图，能够得到下面的系统可靠度的表达式：

$$R_{系统}(t) = 1 - (1 - R_A(t)R_B(t))(1 - R_C(t)(1 - (1 - R_D(t))(1 - R_E(t))))$$

式中，$R_A(t)$、$R_B(t)$、$R_C(t)$、$R_D(t)$ 和 $R_E(t)$ 分别是部件 A、B、C、D 和 E 的可靠度。

例 3.14 某系统由三个单元组成：M_1、M_2 和 M_3。分析系统后，根据可靠性框图可得到下面的可靠度表达式：

$$R_{系统}(t) = R_1(t)R_3(t) + R_2(t)R_3(t) - R_1(t)R_2(t)R_3(t)$$

式中，$R_i(t)$ 是单元 i 的可靠度，$i \in \{1,2,3\}$。请绘制该系统的可靠性框图。

解：将可靠度表达式重写如下：

$$R_{系统}(t) = R_3(t)(R_1(t) + R_2(t) - R_1(t)R_2(t))$$
$$= R_3(t)(1 - (1 - R_1(t))(1 - R_2(t)))$$

根据上述公式，我们能够得到图 3.14 所示的可靠性框图。

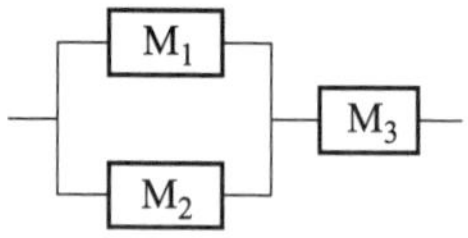

图 3.14 例 3.14 对应的可靠性框图

3.4.2 利用马尔可夫过程进行可信性评估

在本节，我们将介绍如何利用马尔可夫过程来评估系统可信性。对于可信性评估来说，连续时间马尔可夫链是马尔可夫过程中最重要的分类，因此将重点介绍该模型。

马尔可夫过程分析的目标是计算系统在时间 t 处于状态 i 的概率 $P_i(t)$。一旦知道了这一概率，系统的可靠度、可用度和安全度就能以所有工作状态的概率之和进行计算。

假设状态 1 是所有部件处于工作时的状态，如果 $t=0$ 时系统处于状态 1，则得到

$$P_1(0) = 1$$

由于系统在任何时候都只有一个状态，$P_i(0) = 0$，$\forall i \neq 1$，则有

$$\sum_{i \in O \cup F} P_i(t) = 1 \tag{3.22}$$

式中的总和是对所有可能的工作状态和失效状态的求和。

为了确定概率 $P_i(t)$，我们推导了一组微分方程，每个方程对应系统的一个状态 i。这些方程叫作状态转移方程，因为它们允许根据从一个状态到另一个状态的转移速度（失效率或修复率）来确定概率 $P_i(t)$。状态转移方程通常用矩阵形式表示。矩阵 $\boldsymbol{M}$ 中的元素 m_{ij} 表示状态 i 和状态 j 之间的转移速率，该矩阵称为转移矩阵，下标 i 表示矩阵的列，下标 j 表示矩阵的行，即 $\boldsymbol{M}$ 的结构为

$$\boldsymbol{M} = \begin{bmatrix} m_{11} & m_{21} & \cdots & m_{k1} \\ m_{12} & m_{22} & \cdots & m_{k2} \\ \vdots & \vdots & & \vdots \\ m_{1k} & m_{2k} & \cdots & m_{kk} \end{bmatrix}$$

其中，k 是描述系统的马尔可夫链的状态数，对应自转移的元素 m_{ii}，以 $-\sum m_{ij}$ 计算，对所有的 $i, j \in \{1, 2, \cdots, k\}$，$i \neq j$。因此，矩阵每一列的元素之和为 0，第 ij 个元素前的正号表示转移开始于状态 i，第 ij 个元素前的负号表示转移终止于状态 i。

例如，图 3.7 所示的单个部件组成系统的马尔可夫链对应的转移矩阵为

$$\boldsymbol{M} = \begin{bmatrix} m_{11} & m_{21} \\ m_{12} & m_{22} \end{bmatrix} = \begin{bmatrix} -\lambda & 0 \\ \lambda & 0 \end{bmatrix} \tag{3.23}$$

状态 1 和状态 2 之间的转移率是 λ，因此 $m_{12} = \lambda$，$m_{11} = -\lambda$。状态 2 和状态 1 之间的转移率是 0，因此 $m_{21} = 0$，$m_{22} = 0$。

在可靠性评估中，系统一旦失效，失效状态就不能离开。因此，我们利用转移矩阵来区分工作状态和失效状态，每个失效状态 i 都有一个零对角线元素 m_{ii}。然而，这不适用于将在下面实例中见到的可用度和安全度计算情况。

图 3.8 所示的马尔可夫链对应的转移矩阵（其中包含了维修）为

$$\boldsymbol{M} = \begin{bmatrix} -\lambda & \mu \\ \lambda & -\mu \end{bmatrix} \tag{3.24}$$

图 3.9 所示的马尔可夫链对应的转移矩阵大小是 3×3，因为对安全性评估来说，我们假设系统会有 3 个不同的状态：工作、失效—安全和失效—不安全。

$$\boldsymbol{M} = \begin{bmatrix} -\lambda & 0 & 0 \\ \lambda C & 0 & 0 \\ \lambda(1-C) & 0 & 0 \end{bmatrix} \tag{3.25}$$

图 3.12 所示的简化后双部件组成系统的状态转移图对应的转移矩阵为

$$\boldsymbol{M} = \begin{bmatrix} -2\lambda & 0 & 0 \\ 2\lambda & -\lambda & 0 \\ 0 & \lambda & 0 \end{bmatrix} \tag{3.26}$$

利用状态转移矩阵，可得到下面的状态转移方程。$\boldsymbol{P}(t)$ 作为一个矢量，其第 i 个元素是系统在时间 t 处于状态 i 的概率 $P_i(t)$。系统状态转移方程用矩阵表示为

$$\frac{\mathrm{d}}{\mathrm{d}t}\boldsymbol{P}(t) = \boldsymbol{M} \times \boldsymbol{P}(t) \tag{3.27}$$

一旦系统方程被求解，即概率 $P_i(t)$ 已知，系统的可靠度、可用度和安全度就能通过所有工作状态（记为 O）的概率求和得到

$$R(t) = \sum_{i \in \mathrm{O}} P_i(t) \tag{3.28}$$

或者，

$$R(t) = 1 - \sum_{i \in \mathrm{F}} P_i(t)$$

式中，求和针对所有失效状态（记为 F）的概率。

我们通过许多简单的例子来说明计算过程。

3.4.2.1 可靠性评估

从独立部件的情况开始，接着讨论非独立部件的情况。

1. 独立部件

首先，计算双独立部件组成的并联系统（之前讨论过，如图 3.10 所示）的可靠度。将矩阵（3.26）应用到式（3.27），得到

$$\frac{\mathrm{d}}{\mathrm{d}t}\begin{bmatrix} P_1(t) \\ P_2(t) \\ P_3(t) \end{bmatrix} = \begin{bmatrix} -2\lambda & 0 & 0 \\ 2\lambda & -\lambda & 0 \\ 0 & \lambda & 0 \end{bmatrix} \times \begin{bmatrix} P_1(t) \\ P_2(t) \\ P_3(t) \end{bmatrix}$$

上述矩阵形式用系统状态转移方程描述如下：

$$\begin{cases} \dfrac{\mathrm{d}}{\mathrm{d}t}P_1(t) = -2\lambda P_1(t) \\[2ex] \dfrac{\mathrm{d}}{\mathrm{d}t}P_2(t) = 2\lambda P_1(t) - \lambda P_2(t) \\[2ex] \dfrac{\mathrm{d}}{\mathrm{d}t}P_3(t) = \lambda P_2(t) \end{cases}$$

解该方程组，得到

$$\begin{cases} P_1(t) = \mathrm{e}^{-2\lambda t} \\[1ex] P_2(t) = 2\mathrm{e}^{-\lambda t} - 2\mathrm{e}^{-2\lambda t} \\[1ex] P_3(t) = 1 - 2\mathrm{e}^{-\lambda t} + \mathrm{e}^{-2\lambda t} \end{cases}$$

由于概率 $P_i(t)$ 已知，因此能够计算系统的可靠度。对于一个串联关系的配置来说，首个部件的失效就会引起系统失效。因此，系统的可靠度等于概率 $P_1(t)$，即

$$R_{串联}(t) = \mathrm{e}^{-2\lambda t} \tag{3.29}$$

由于单部件组成系统的可靠度为 $R(t) = \mathrm{e}^{-\lambda t}$，我们得到 $R_{串联}(t) = R^2(t)$，这与从可靠性框图得到的式（3.19）完全一样。

对于一个并联关系的配置来说，两个部件同时失效才会导致系统失效。因此，系统的可靠度是概率 $P_1(t)$ 和 $P_2(t)$ 的和：

$$R_{并联}(t) = 2\mathrm{e}^{-\lambda t} - \mathrm{e}^{-2\lambda t} \tag{3.30}$$

我们将上式重写为 $R_{并联}(t) = 2R(t) - R^2(t) = 1 - (1 - R(t))^2$，这与从可靠性框图得到的式（3.20）完全一样。

马尔可夫链和可靠性框图分析的结果是一样的，因为在这个例子中，我们假设部件失效是相互独立事件。下面讨论非独立部件的情况。

2. 非独立部件

在部件失效率依赖于系统状态的情况下，马尔可夫过程的价值变得非常明显。一个典型例子就是共享负载部件，下面会对其进行讨论。另一个例子就是备份部件，将在 3.4.2.2 节讨论。

从广义上说，"负载"这个词是指系统的应力，这可能是一个电气负载、高温引起的负载或者信息负载。实际上，失效率会随着负载的增加而显著增加。假设几个部件共享一个负载，如果一个部件失效，加在剩余部件上的额外负载有可能增加其失效率。例如，如果某辆小汽车的一个轮胎爆裂了，则加在其他轮胎上的垂直负载就增加了，这样会导致剩余轮胎的失效率增加。

作为一个例子，我们讨论如图 3.15 所示的双部件组成的并联系统的马尔可夫链。状态定义见表 3.2。第一个部件失效后，第二个部件的失效率增加了。增加后的部件 1 和部件 2 的失效率分别标记为 λ_1' 和 λ_2'。

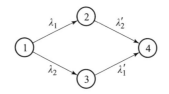

图 3.15　双部件组成的并联系统

（具有共享负载）的马尔可夫链

从图 3.15 所示的马尔可夫链中，我们得到矩阵形式的状态转移方程：

$$\frac{\mathrm{d}}{\mathrm{d}t}\begin{bmatrix} P_1(t) \\ P_2(t) \\ P_3(t) \\ P_4(t) \end{bmatrix} = \begin{bmatrix} -\lambda_1 - \lambda_2 & 0 & 0 & 0 \\ \lambda_1 & -\lambda_2' & 0 & 0 \\ \lambda_2 & 0 & -\lambda_1' & 0 \\ 0 & \lambda_2' & \lambda_1' & 0 \end{bmatrix} \times \begin{bmatrix} P_1(t) \\ P_2(t) \\ P_3(t) \\ P_4(t) \end{bmatrix}$$

通过展开矩阵形式，我们得到下列系统方程：

$$\begin{cases} \dfrac{\mathrm{d}}{\mathrm{d}t}P_1(t) = (-\lambda_1 - \lambda_2)P_1(t) \\[2mm] \dfrac{\mathrm{d}}{\mathrm{d}t}P_2(t) = \lambda_1 P_1(t) - \lambda_2' P_2(t) \\[2mm] \dfrac{\mathrm{d}}{\mathrm{d}t}P_3(t) = \lambda_2 P_1(t) - \lambda_1' P_3(t) \\[2mm] \dfrac{\mathrm{d}}{\mathrm{d}t}P_4(t) = \lambda_2' P_2(t) + \lambda_1' P_3(t) \end{cases}$$

求解系统方程，得

$$P_1(t) = \mathrm{e}^{(-\lambda_1 - \lambda_2)t}$$

$$P_2(t) = \frac{\lambda_1}{\lambda_1 + \lambda_2 - \lambda_2'}\mathrm{e}^{\lambda_2' t} - \frac{\lambda_1}{\lambda_1 + \lambda_2 - \lambda_2'}\mathrm{e}^{(-\lambda_1 - \lambda_2)t}$$

$$P_3(t) = \frac{\lambda_2}{\lambda_1 + \lambda_2 - \lambda_1'}\mathrm{e}^{\lambda_1' t} - \frac{\lambda_2}{\lambda_1 + \lambda_2 - \lambda_1'}\mathrm{e}^{(-\lambda_1 - \lambda_2)t}$$

$$P_4(t) = 1 - \mathrm{e}^{(-\lambda_1 - \lambda_2)t} - \frac{\lambda_1}{\lambda_1 + \lambda_2 - \lambda_2'}\mathrm{e}^{\lambda_2' t} + \frac{\lambda_1}{\lambda_1 + \lambda_2 - \lambda_2'}\mathrm{e}^{(-\lambda_1 - \lambda_2)t} -$$

$$\frac{\lambda_2}{\lambda_1 + \lambda_2 - \lambda_1'}\mathrm{e}^{\lambda_1' t} + \frac{\lambda_2}{\lambda_1 + \lambda_2 - \lambda_1'}\mathrm{e}^{(-\lambda_1 - \lambda_2)t}$$

最后，由于 $P_4(t)$ 是失效状态，因此系统的可靠度等于 $1 - P_4(t)$：

$$R_{并联}(t) = e^{(-\lambda_1 - \lambda_2)t} + \frac{\lambda_1}{\lambda_1 + \lambda_2 - \lambda_2'}e^{\lambda_2't} - \frac{\lambda_1}{\lambda_1 + \lambda_2 - \lambda_2'}e^{(-\lambda_1 - \lambda_2)t} +$$

$$\frac{\lambda_2}{\lambda_1 + \lambda_2 - \lambda_1'}e^{\lambda_1't} - \frac{\lambda_2}{\lambda_1 + \lambda_2 - \lambda_1'}e^{(-\lambda_1 - \lambda_2)t} \tag{3.31}$$

读者可以验证，如果 $\lambda_1' = \lambda_1$ 和 $\lambda_2' = \lambda_2$，则上述方程等于式（3.30）。

增加负载的影响进一步说明如下，假设两个部件完成一样，即 $\lambda_1 = \lambda_2 = \lambda$，$\lambda_1' = \lambda_2' = \lambda'$，那么式（3.31）简化为

$$R_{并联}(t) = \frac{2\lambda}{2\lambda - \lambda'}e^{-\lambda't} - \frac{\lambda'}{2\lambda - \lambda'}e^{-2\lambda t}$$

图 3.16 所示为双部件组成的并联系统（带共享负载）在不同 λ' 值下的可靠度，其中单部件组成系统的可靠度 $e^{-\lambda t}$ 也绘制出来用于比较。当 $\lambda' = \lambda$ 时，对应于独立部件曲线，因此其可靠度的计算见式（3.30）；当 $\lambda' = \infty$ 时，对应于完全非独立曲线。这就意味着一个部件失效会带来另一个部件的立即失效。因此，在这种情况下，系统的可靠度等于式（3.29）给出的双部件组成的串联系统的可靠度。我们看到，λ' 值超过 λ 值越多，系统的可靠度就越接近双部件组成的串联系统的可靠度。

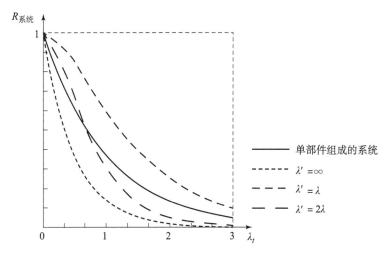

图 3.16 双部件组成的并联系统（带共享负载）的可靠度

3.4.2.2 可用性评估

可靠性评估和可用性评估之间的主要差别在于对待维修的不同。在可靠性评估中，部件要在系统没有失效时才能维修。在可用性评估中，部件在系

统失效后也能维修。

这个差别可以通过一个带双部件（一个主份、一个备用）组成的备份系统的例子来解释。备用部件保持储存状态，只有当主份部件失效后才会转入工作状态。我们假设有个完美的故障检测单元，能够检查主份部件的失效且能通过备用部件替换失效部件。我们也假设备用部件在备份模式下不会失效。

分别用作可靠性评估和可用性评估的冗余系统的马尔可夫链如图 3.17 所示。状态定义见表 3.5。当主份部件失效时，状态 1 和状态 2 之间有一个转移。如果系统处于状态 2 且备用部件失效，则有一个到状态 3 的转移。由于我们假设备用部件在备份模式下不会失效，所以组合状态（O，F）不会发生。状态 1 和状态 2 是工作状态，状态 3 是失效状态。

图 3.17 用作可靠性评估和可用性评估的双部件组成的备份系统的状态转移图

(a) 可靠性评估；(b) 可用性评估

表 3.5 简化后的双部件组成的并联系统（包含维修）
的状态转移图对应的马尔可夫状态

部件		状态序号
主份	备用	
O	O	1
F	O	2
F	F	3

假设主份部件能以修复率 μ 修复，对于可靠性评估来说，这意味着状态 2 和状态 1 之间的转移是可能的。对应的转移矩阵为

$$M = \begin{bmatrix} -\lambda_1 & \mu & 0 \\ \lambda_1 & -\lambda_2 - \mu & 0 \\ 0 & \lambda_2 & 0 \end{bmatrix}$$

对于可用性评估来说，我们能从失效状态修复完好，这使状态 3 和状态 2 之间增加了一个转移。我们假设主份和备份单元的修复率相同，且备份单元第一次修复，则对应的转移矩阵为

$$\boldsymbol{M} = \begin{bmatrix} -\lambda_1 & \mu & 0 \\ \lambda_1 & -\lambda_2 - \mu & \mu \\ 0 & \lambda_2 & -\mu \end{bmatrix} \qquad (3.32)$$

我们能看到，对于可用性评估来说，矩阵中对角线元素没有一个为零。这是因为系统能从失效状态中恢复过来。

通过求解系统状态转移方程，我们得到 $P_i(t)$，则系统可用度计算如下：

$$A(t) = \sum_{i \in O} P_i(t) \qquad (3.33)$$

式中，求和是针对所有工作状态 O。或

$$A(t) = 1 - \sum_{i \in F} P_i(t) \qquad (3.34)$$

式中，求和是针对所有失效状态 F。

正如在 2.2.2 节所提到的，通常是稳态可用度而不是瞬态可用度令人感兴趣。稳态可用度能够以较简单的方法进行计算。我们注意到，随着时间接近于无限大，式（3.27）左边的导数消失了，我们得到一个不随时间变化的关系式：

$$\boldsymbol{M} \times \boldsymbol{P}(\infty) = 0 \qquad (3.35)$$

在例子中，对于矩阵（3.32）来说，上式代表了一组系统方程，即

$$\begin{cases} -\lambda_1 P_1(\infty) + \mu P_2(\infty) = 0 \\ \lambda_1 P_1(\infty) - (\lambda_2 + \mu) P_2(\infty) + \mu P_3(\infty) = 0 \\ \lambda_2 P_2(\infty) - \mu P_3(\infty) = 0 \end{cases}$$

由于这三个方程是线性相关的，对于求解 $\boldsymbol{P}(\infty)$ 它们还不够充分。还需要另外的碎片信息是条件式（3.22），即所有概率之和为 1：

$$\sum_i P_i(\infty) = 1 \qquad (3.36)$$

如果假设 $\lambda_1 = \lambda_2 = \lambda$，那么得到

$$P_1(\infty) = \left[1 + \frac{\lambda}{\mu} + \left(\frac{\lambda}{\mu} \right)^2 \right]^{-1}$$

$$P_2(\infty) = \left[1 + \frac{\lambda}{\mu} + \left(\frac{\lambda}{\mu} \right)^2 \right]^{-1} \frac{\lambda}{\mu}$$

$$P_3(\infty) = \left[1 + \frac{\lambda}{\mu} + \left(\frac{\lambda}{\mu} \right)^2 \right]^{-1} \left(\frac{\lambda}{\mu} \right)^2$$

在式（3.34）中通过设置 $t = \infty$，发现稳态可用度为

$$A(\infty) = 1 - \left[1 + \frac{\lambda}{\mu} + \left(\frac{\lambda}{\mu} \right)^2 \right]^{-1} \left(\frac{\lambda}{\mu} \right)^2$$

如果进一步假定 $\lambda/\mu \ll 1$，可得

$$A(\infty) \approx 1 - \left(\frac{\lambda}{\mu}\right)^2$$

3.4.2.3 安全性评估

安全性评估与可靠性评估的主要差别在于，对于安全性评估来说，失效状态分为失效—安全状态和失效—不安全状态。一旦构建了系统的马尔可夫链，通过使用与可靠性评估一样的流程就可获得状态转移方程。一旦系统方程被求解，针对工作状态和失效—安全状态进行求和就可计算安全度。

作为一个例子，考虑图 3.9 所示的单部件组成系统，它的状态转移矩阵见式（3.25）。因此，概率 $P_i(t)$ 的状态转移方程为

$$\frac{\mathrm{d}}{\mathrm{d}t}\begin{bmatrix} P_1(t) \\ P_2(t) \\ P_3(t) \end{bmatrix} = \begin{bmatrix} -\lambda & 0 & 0 \\ \lambda C & 0 & 0 \\ \lambda(1-C) & 0 & 0 \end{bmatrix} \times \begin{bmatrix} P_1(t) \\ P_2(t) \\ P_3(t) \end{bmatrix}$$

该系统方程组的解为

$$\begin{cases} P_1(t) = \mathrm{e}^{-\lambda t} \\ P_2(t) = C - C\mathrm{e}^{-\lambda t} \\ P_3(t) = (1-C) - (1-C)\mathrm{e}^{-\lambda t} \end{cases}$$

系统的安全度为工作状态和失效—安全状态的概率之和，即

$$S(t) = P_1(t) + P_2(t) = C + (1-C)\mathrm{e}^{-\lambda t}$$

在 $t=0$ 时刻，系统的安全度为 1。随着时间趋向于无穷大，安全度趋向于故障诊断率 C。因此，如果 $C=1$，那么系统就有完美的安全性。

3.5 小结

在本章，我们考虑了常见的可信性参数指标，如失效率、平均故障前时间、平均修复时间、平均故障间隔时间和故障覆盖率等。我们探讨了组合的可信性模型，如可靠性框图、故障树和可靠性曲线。我们也研究了随机可信性模型，例如能分析更加复杂事件链的马尔可夫链。最后，我们讨论了怎样利用这些模型来进行可靠性、可用性和安全性评估。

思考题

说明：在所有思考题中，我们假定部件的失效和维修是独立的事件（除非另有说明），且失效率和修复率是恒定的。

3.1　心脏起搏器的失效率为 $\lambda = 0.121 \times 10^{-8}/\mathrm{h}$。

（1）在运行的头五年，失效概率是多少？

（2）MTTF 是什么？

3.2　计算图 4.8 所示得票多数的表决器，假设 2 个输入与门和 3 个输入或门的失效率分别为 $0.324 \times 10^{-7}/\mathrm{h}$ 和 $0.381 \times 10^{-7}/\mathrm{h}$。

3.3　计算图 5.11 所示的全加法器的 MTTF，假设两个输入与门和或门的失效率为 $0.324 \times 10^{-7}/\mathrm{h}$，两个输入异或门的失效率为 $0.336 \times 10^{-7}/\mathrm{h}$。

3.4　冰箱制造商确定他们的产品在正常使用时的 $\mathrm{MTTF} = 6 \times 10^5\ \mathrm{h}$，如果要保证不超过 5% 的冰箱返厂修理，其保修期需设置多长？

3.5　某调制解调器的制造商估计他们的产品在正常使用的前三年的可靠度是 72.8%。

（1）在运行的第一年，有多少调制解调器需要修理？

（2）该调制解调器的 MTTF 是什么？

3.6　基于"不超过 3% 的商品会被退回维修"的假设，电视机提供两年的质保期。可以容忍的最大失效率是多少？

3.7　DVD 播放器制造商确定 DVD 设备每年使用时间是平均 930 h，基于 MTTF 为 $25 \times 10^3\ \mathrm{h}$，DVD 设备提供两年保修期，假设 DVD 在不使用时不会失效，那么在保修期内，有多少比例的 DVD 设备会失效？

3.8　假设喷气发动机的恒定失效率为 $\lambda = 0.214 \times 10^{-7}/\mathrm{h}$，一台四引擎飞机上在 8 h 的飞行中有两个以上发动机失效的概率是多少？

3.9　拥有 50 个部件的非冗余系统的设计寿命可靠度为 0.95，系统经过重新设计，只有 35 个组件，请估计改进后的系统设计寿命可靠度，假设所有部件具有相同的失效率。

3.10　在使用年度结束时，部件的可靠度为 0.96。

（1）这个部件的失效率是多少？

（2）如果两个部件并联，那么生产的系统在运行的第一年，其可靠度是多少？

3.11　一盏灯有 3 个灯泡，灯泡的失效率为 $\lambda = 0.182 \times 10^{-3}/$年。在运行

的头 6 个月里，有不止一个灯泡失效的概率是多少？

3.12 假设在思考题 3.11 中的灯泡是负载共享部件，一开始，灯泡 i 的失效率为 λ_i，$i \in \{1,2,3\}$。当第一个灯泡坏了，剩余灯泡的失效率增加到 λ_i'；当第二个灯泡坏了，剩余灯泡的失效率变为 λ_i''。绘制一个对该系统进行可靠性评估的马尔可夫链。

3.13 假设一个部件的失效率为 $\lambda = 0.184 \times 10^{-3}/h$，如果系统要以不超过 1% 的失效概率运行 800 h，则需要多少部件并行放置？

3.14 一个系统的 $MTTF = 12 \times 10^3$ h，工程师要设定设计寿命，以达到寿命末期的可靠度是 95%。

（1）确定设计寿命。

（2）如果两个系统并行放置，那么在不降低寿命末期可靠度的情况下设计寿命值增大到多少？

3.15 某打印机正常使用时的失效率为 $\lambda = 0.286 \times 10^{-4}/h$，$MTTR = 72$ h。

（1）它的稳态可用性是什么？

（2）如果 MTTR 增加到 120 h，那么在不减少打印机可用性的前提下，可容忍的失效率是多少？

3.16 某传真机正常使用时的失效率为 $0.102 \times 10^{-2}/h$，为获得 97% 的稳态可用性，请确定修复率是多少？

3.17 假设某带两个部件的备用系统要求的稳态可用性为 0.91，可接受的最大的失效—故障比 λ/μ 是多少？

3.18 某计算机系统被设计成在正常使用中的失效率为 5 年内发生 1 次故障，由于这个系统没有容错能力，所以它在第一个故障发生后就失效了。

（1）这样系统的 MTTF 是什么？

（2）系统在运行第一年失效的概率是多少？

（3）这个系统的一般保修期为两年。供应商希望提供一份额外的保险，以应付系统运行第一个 5 年发生失效所产生的额外费用。供应商希望以可靠度每降低 1% 就收取 20 美元的价格来提供这样的保险。供应商应为这样的保险收取多少费用？

3.19 一个由 5 单元（A、B、C、D 和 E）组成的系统相互连接，因此它可以正确运行的条件是：单元 A 或 D 运行正确，且单元 C 和 D 运行正确，或单元 E 正确运行。

（1）绘制系统可靠性框图（RBD）。

（2）写出系统可靠度的表达式。

（3）计算系统 3 年任务期的可靠度，假设单元有以下的每小时失效率：$\lambda_A = 0.318 \times 10^{-6}$，$\lambda_B = 0.256 \times 10^{-6}$，$\lambda_C = 0.431 \times 10^{-6}$，$\lambda_D = 0.417 \times 10^{-6}$，$\lambda_E = 0.372 \times 10^{-6}$。

3.20　假设某个由 4 个模块（其中 2 个模块相同）组成的系统，其可靠性由以下方程式给出：

$$R_{系统(t)} = R_1(t)R_2(t)R_3(t) + R_1^2(t) - R_1^2(t)R_2(t)R_3(t) \qquad (3.37)$$

请绘制系统可靠性框图。

3.21　为图 3.18 可靠性框图所示系统的可靠度写一个表达式，假设 $R_i(t)$ 是单元 M_i 的可靠性，$i \in \{1,2,3,4\}$。

3.22　某公司生产的系统由存储器和处理器组成，为了提高系统的可靠性，存储器被复制且处理器是三重的（见图 3.19 中的 RBD）。

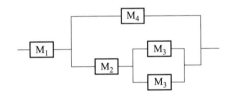

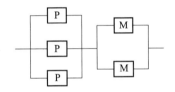

图 3.18　思考题 3.21 对应的系统可靠性框图（RBD）

图 3.19　思考题 3.22 和思考题 3.26 对应的系统可靠性框图（RBD）

运行第一年，存储器和处理器的可靠度为 R_M（1 年）= 0.95，R_P（1 年）= 0.9，其成本分别为 50 美元和 30 美元。

你的老板认为这个系统太贵了，她希望你使用可靠度更高的处理器来降低其成本，有三个制造商，生产的处理器适合你的系统，他们提供的处理器具有以下可靠度和成本：

A. R_{P1}（1 年）= 0.968 3，40 美元；

B. R_{P2}（1 年）= 0.981 2，45 美元；

C. R_{P3}（1 年）= 0.998 9，50 美元。

你的任务是评估哪个处理器能将系统的成本降到最低同时又不降低系统的可靠性。允许你组合来自不同厂商的处理器，请为新系统绘制一个可靠性框图（RBD）。

3.23　某公司生产的系统由两个部件（A 和 B）按串联放置组成，这些部件运行第一年的可靠度分别为 R_A（1 年）= 0.99，R_B（1 年）= 0.85，它们的成本一样。

这个系统的保修期为一年。你的老板认为有太多的商品在保修期内返回维修。她给你的任务是提高系统的可靠性，确保不超过2%的商品返回。这可通过增加不超过两个冗余部件到系统来完成。

为符合你老板要求的系统绘制一个可靠性框图（RBD）。

3.24　对于一个由 n 个部件组成的系统对应的马尔可夫链有多少个状态？假设每个部件有两个状态：工作和失效。

3.25　为图 3.5 所示系统进行可靠性评估绘制一个马尔可夫链，处理器 1 和处理器 2 的失效率为 λ_P，存储器的失效率是 λ_M，系统不可维修。

3.26　绘制一个用作五部件组成的系统（其可靠性框图见图 3.19）进行可靠性评估的马尔可夫链，系统由一个三模处理器 P 和一个双模存储器 M 组成，处理器和存储器的失效率分别是 λ_P 和 λ_M，假设系统不可维修。

3.27　假设某系统是利用马尔可夫链模型来建模的，从由此产生的链中得到以下转移矩阵：

$$\begin{bmatrix} -(5\lambda + \lambda_V) & \mu & 0 & 0 \\ 5\lambda & -(\mu + 4\lambda + \lambda_V) & 2\mu & 0 \\ 0 & 4\lambda & -(2\mu + 3\lambda + \lambda_V) & 0 \\ \lambda_V & \lambda_V & 3\lambda + \lambda_V & 0 \end{bmatrix}$$

绘制与此转移矩阵对应的马尔可夫链，该链是用于可靠性评估还是可用性评估？

3.28　绘制一个马尔可夫链，为图 3.20 所示的系统进行可靠性评估。单元和表决器的失效率分别为 λ 和 λ_V。系统不可维修。

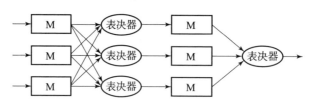

图 3.20　思考题 3.28 对应的系统图

3.29　绘制一个马尔可夫链，为图 3.5 所示的系统进行可用性评估，处理器 1 和处理器 2 的失效率和修复率分别为 λ_P 和 μ_P，存储器的失效率和修复率分别为 λ_M 和 μ_M。

3.30　考虑图 3.21 所示的系统，这个系统由 9 个相同的单元 M 连接为 3 个"三模"和 4 个阈值表决器组成。系统工作原理如下：

对于每个三模，表决器 V_1 的结果要与单个单元的输出相比较来检测不一致意见。如果发生不一致，则相应的开关 S_1 打开并断开故障单元的连接。当第一个单元从三模中移除后，表决器 V_1 用作比较器。当三模系统中的第二个单元失效时，V_1 向开关 S_2 发送信号打开 S_2，它打开了 S_2，并将 V_2 中的 V_1 从表决器中删除。

移除了第一个三模后，表决器 V_2 用作比较器；移除第二个三模后，表决器 V_2 只是通过信号，所以它足以让一个三模正确地工作并得到一个正确的答案。

为该系统的可靠性评估建立一个马尔可夫链，假设开关和表决器完好，每个单元的失效率是 λ，系统不可维修。

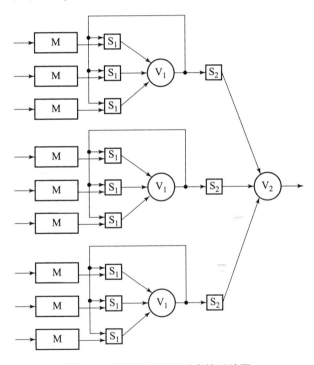

图 3.21　思考题 3.30 对应的系统图

3.31　你需要为你的车买链子，以便在冬天进行一次 36 英里的登山旅行。当地警察要求你把 4 个轮子都挂上链子才能安全开车。这家商店有两组可供你选择的链子。每组由 4 个相同的链子组成：

组合 1：每条链子的失效率 $\lambda_1 = 0.417 \times 10^{-2}$/h，成本是 20 美元/条。

组合 2：每条链的失效率 $\lambda_1 = 0.167 \times 10^{-1}$/h，成本是 10 美元/条。

解决以下任务：

（1）在购买组合 1 的情况下，计算你的汽车在旅途中的可靠度 $R_1(t)$。

（2）在购买组合 2 的情况下，绘制用作可靠性评估的马尔可夫链，计算你的汽车在旅途中的可靠度 $R_2(t)$。

（3）根据（1）和（2），你建议买哪组链子？

（4）假设备用链子以与工作中的链子相同的失效率 λ_2 失效，计算可靠性 $R_2(t)$ 的下界 $R_{2lb}(t)$。根据这个假设，你可以用两组便宜的链子为汽车建模（即由 8 个部件组成的并联系统），使用可靠性框图（RBD）来计算 $R_{2lb}(t)$，并将 $R_{2lb}(t)$ 与 $R_2(t)$ 进行比较。

参考文献

［1］Crow，L.：Methods for assessing reliability growth potential. In：IEEE Proceedings Annual Reliability and Maintainability Symposium，pp. 484 – 489 （1984）

［2］de Mercado，J.，Bowen，N. A.：A method for calculation of network reliability. IEEE Trans Reliab **R – 25**，71 – 76（1976）

［3］Duane，J.：Learning curve approach to reliability monitoring. IEEE Trans. Aerosp. **2**，563 – 566（1964）

［4］Ericson，C.：Fault tree analysis—a history. In：Proceedings of the 17th International Systems Safety Conference（1999）

［5］Feller，W.：An Introduction to Probability Theory and Its Applications，3rd edn. Willey，New York（1968）

［6］IEEE Standard 500：IEEE guide to the collection and presentation of electrical，electronic，sensing component，and mechanical equipment reliability data for nuclear – power generating stations（1984）

［7］Johnson，B. W.：The Design and Analysis of Fault Tolerant Digital Systems. Addison – Wesley，New York（1989）

［8］MIL – HDBK – 338：Electronic reliability design handbook. U. S. Department of Defense（1998）

［9］Norris，J. R.：Markov Chains. Cambridge University Press，New York（1998）

［10］NPRD：Nonelectronic parts reliability data（2011）. http：//theriac. org/

［11］OREDA：Offshore reliability data database（1997）. http：//www. oreda. com/

［12］Rennels，D.：Fault – tolerant computing – concepts and examples. IEEE Trans

Comput $\mathbf{C} - \mathbf{33}$ (12), 1116 - 1129 (1984)

[13] RIAC: System Reliability Toolkit. Reliability Information Analysis Center (2005)

[14] Shooman, M. L. : Reliability of Computer Systems and Networks: Fault Tolerance, Analysis, and Design. Wiley - Interscience, New York (2001)

[15] Siewiorek, D. P. , Swarz, R. S. : Reliable Computer Systems Design and Evaluation 3rded. A K Peters Ltd. , Wellesley (1998)

[16] Smith, D. J. : Reliability Engineering. Barnes and Noble Books, New York (1972)

[17] Vesely, N. E. , R. E. N. : REP and KITT: Computer codes for the automatic evaluation of a faulttree. Technical report. IN - 1349, Idaho Nuclear (1970)

第 4 章　硬件冗余

> "那些你可以用锤子敲击（不建议）的系统中的部件被称为硬件；那些你只能诅咒的程序指令被称为软件。"

> ——佚名

通过提供硬件部件的两个（或更多个）物理复制，可以获得硬件冗余。例如，某系统包含冗余的处理器、存储器、总线和供电等。当其他技术（如更可靠部件的使用、生产质量控制、试验、设计简化等）都已经穷尽了，硬件冗余可能是改进系统可信性的唯一方法。例如，在设备不可维修的情况下（如通信卫星），冗余部件可使不间断的运行时间得以延长。

硬件冗余会带来很多代价——质量、尺寸、功耗和成本增加，还有设计、制造和试验时间的增加。我们必须做出很多选择来审查确定对冗余融入系统的最佳方式。例如，将冗余应用到更高层级部件，能够减少质量的增加；如果预期的可信性改进降低了系统预防性维修成本的增加，那么冗余带来的成本增加能够最小化。

硬件冗余分为三种类型：被动型、主动型和混合型。被动型冗余是故障发生后不要求来自系统（或操作者）的任何行动而直接屏蔽故障来获得故障容限。主动型冗余要求在故障容限前进行故障检测；在故障检测之后，实施定位、抑制和恢复措施，以便将故障部件从系统中移除。主动型技术要求系统停下来并进行重新配置，以达到故障容限。混合型冗余是被动型和主动型方法的组合。故障屏蔽经常用来防止错误结果的产生。故障检测、定位和恢复经常通过备份来替代故障部件。混合型冗余能够使系统不停机而进行重配置。

在本章，我们将讨论很多不同的被动型、主动型和混合型冗余配置，并评估它们对系统可信性的影响。

4.1　冗余分配

起初，冗余技术被用于应对基本硬件的低可靠性。早期的计算机系统设计者对低层级部件（如逻辑门、触发器）进行三模冗余，且使用多数表决来纠错[10]。随着基本部件可靠性的提高，冗余转移到更高的层级，更大的部组件（如存储器或处理器单元）成为可复制的。相对于冗余部件来说，这减小了表决器的失效概率和尺寸。

冗余的使用不会对系统可信性的改善立即产生作用。由冗余引起的复杂度的全面增加可能会很严重。如果冗余资源没有以合理的方式进行分配，那么它可能抵消可信性的改善。我们必须做出仔细分析，表明最后获得了一个更加可信的系统。

我们必须对多种可能性进行审查，以确定在哪个层级进行冗余是最优的，以及哪些部件应该进行冗余。为了理解这些决定的重要性，考虑一个双部件（可靠度分别为 R_1 和 R_2）组成的串联系统。如果系统可靠度 $R = R_1 R_2$ 不满足设计要求，设计者就决定复制一些部件。可能的冗余配置选择如图 4.1 所示。

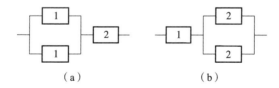

（a）　　　　　　（b）

图 4.1　冗余分配

假设部件失效率是相互独立事件，则对应的系统可靠度为

$$R_a = (2R_1 - R_1^2)R_2$$
$$R_b = (2R_2 - R_2^2)R_1$$

考虑到 R_a 和 R_b 不同，可以得到

$$R_a - R_b = R_1 R_2 (R_2 - R_1)$$

从上式可知，对可靠度越低的部件进行复制，获得的可靠度将越高。若 $R_1 < R_2$，则图 4.1（a）所示的配置更好；反之亦然。

另一个重要的参数是冗余层级。考虑一个由三个串联部件组成的系统。在高层级进行冗余，整个系统被复制，如图 4.2（a）所示；在低层级进行冗余，复制发生在低层级，如图 4.2（b）所示。

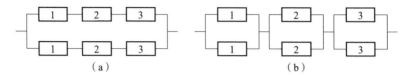

图 4.2 高层级冗余和低层级冗余

让我们比较图 4.2（a）、（b）分别对应的系统可靠度。假设部件失效是相互独立事件，则

$$R_a = 1 - (1 - R_1 R_2 R_3)^2$$

$$R_b = [1 - (1 - R_1)^2][1 - (1 - R_2)^2][1 - (1 - R_3)^2]$$

正如我们所看到的，尽管系统有同样的部件数量，但是可靠度 R_a 和 R_b 不同。如果 $R_1 = R_2 = R_3 = R$，那么差别在于

$$R_b - R_a = 6R^3(1 - R)^2$$

因此，$R_b > R_a$，即低层级冗余比高层级冗余产生了更高的可靠度。

在此强调，我们得到的结论只在失效部件是相互独立的情况下成立是很重要的。实际上，在低层级冗余的冗余部件通常很少做到物理隔离，所以很容易受共同来源的应力影响。因此，共模失效更多可能发生在低层级而不是高层级。

4.2　被动型冗余

被动型冗余方法是屏蔽故障而不是发现故障。屏蔽确保尽管有故障存在，系统也能正常工作。被动型冗余技术通常应用于有高可靠要求的系统，该系统即使短暂的工作中断也不可接受，或者系统不可维修。这样的应用案例包括航空器飞行控制系统、嵌入式医疗设备（如心脏起搏器）和深空探测电子设备等。

在本章，我们首先研究三模冗余的概念，然后将其延伸到更普遍的 N 模冗余情况。

4.2.1　三模冗余

最常见的被动型硬件冗余是三模冗余（Triple Modular Redundancy，TMR）[16]，基本配置如图 4.3 所示。系统以三倍单元方式并行执行同样的计算，使用多数表决器来确定正确的结果。如果一个单元失效，多数表决器就将剩余两个无故障单元的结果视为正确，这样做就屏蔽了故障。根据应用，三倍的单元可能是处理器、存储器、硬盘、总线、网络连接和供电等。

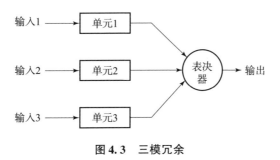

图4.3 三模冗余

TMR 系统只能屏蔽一个故障单元，剩余单元中若有任何一个失效，都会使表决器产生错误的结果。4.4 节将展示如何通过将失效单元移出系统来改善 TMR 系统的可信性。

TMR 通常应用在短期内要求可靠性有大幅度增长的场合。例如，土星 5 运载火箭数字计算机的逻辑部分使用了 TMR，使逻辑部分在 250 h 任务期内的可靠性相对于无冗余系统的可靠性增长了 20 倍。土星 5 被美国国家航空航天局（NASA）用于运载阿波罗飞船和太空实验室（Skylab）到轨道上[2]。

低层级 TMR 用来增强设备对于辐射引起的瞬态故障进行故障容限。例如，某些用于太空或者其他辐射敏感场合的 FPGA 在触发器级应用了 TMR[12]。

4.2.1.1 可靠性评估

TMR 系统能屏蔽一个单元故障的事实并不直接意味着 TMR 系统的可靠性会高于非冗余系统的可靠性。为了评估 TMR 对可靠性的影响，除了考虑任务时间以外，还要考虑单元可靠性。首先，考虑表决器完好的情况，即它不会失效。

1. 表决器完好

在一个 TMR 系统中，至少有两个单元正常工作，那么 TMR 系统才能正常工作。假设表决器完好，单元失效且相互独立，则 TMR 系统的可靠度为

$$R_{TMR} = R_1R_2R_3 + (1-R_1)R_2R_3 + R_1(1-R_2)R_3 + R_1R_2(1-R_3)$$

式中，R_i 是单元 M_i 的可靠度，$i \in \{1, 2, 3\}$。第 1 项 $R_1R_2R_3$ 是指第 1 个单元工作正常，且第 2 个单元和第 3 个单元工作正常的概率；第 2 项 $(1-R_1)R_2R_3$

代表第 1 个单元失效，但第 2 个单元和第 3 个单元工作正常的概率；等等。由于所有事件是相互独立的，因此整体概率是所有概率相加的和。如果 $R_1 = R_2 = R_3 = R$，则上式可简化为

$$R_{\text{TMR}} = 3R^2 - 2R^3 \qquad (4.1)$$

如图 4.4 所示，比较了某 TMR 系统的可靠度，以及由单个单元（可靠度为 R）组成的非冗余系统的可靠度。假设组成 TMR 系统的单元可靠度为 R。正如我们所看到的，有一个 $R_{\text{TMR}} = R$ 的点。通过求解方程 $3R^2 - 2R^3 = R$，能找到这个点。三个解分别为 0.5、1 和 0，意味着单元可靠度 $R = 0.5$ 时，或者单元完好（$R = 1$）时，或者单元失效（$R = 0$）时，TMR 系统的可靠度与非冗余系统的可靠度相等。

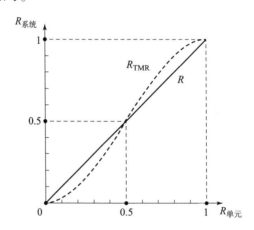

图4.4 TMR 系统与非冗余系统的可靠性比较

这进一步说明了故障容限和可靠性之间的差别。一个系统可以容错，但仍可能有一个低的整体可靠性。例如，由低质量单元（$R = 0.2$）组成的某 TMR 系统有低可靠度（$R_{\text{TMR}} = 0.136$）。相反，不能容忍任何错误的系统可能有高可靠性。例如，当其所有部件具有高可靠性时，整机具有高可靠性。然而，这样的系统只要出现首个故障后就会失效。

接下来，我们将讨论 TMR 系统的可靠度怎样随时间函数而变化。根据指数失效规律，对于常数失效率来说，系统的可靠度随时间呈指数下降，即 $R(t) = \text{e}^{-\lambda t}$。将这个表达式代入式（4.1），可得

$$R_{\text{TMR}}(t) = 3\text{e}^{-2\lambda t} - 2\text{e}^{-3\lambda t} \qquad (4.2)$$

如图 4.5 所示，比较了非冗余系统和 TMR 系统的可靠度。为了不依赖于失效率作比较，x 轴表示规范化时间值 λt，而不是 t，以便比较失效率的独立性。根据式（3.14）可知，$1/\lambda = \text{MTTF}$；$\lambda t = 1$ 对应系统预期经历的首次失效

的时间。在 λt 为 0 ~ 0. 69 期间，我们能看到 TMR 系统的可靠度高于非冗余系统的可靠度。因此，TMR 系统适合于任务时间短于 0.69MTTF 的应用场合。

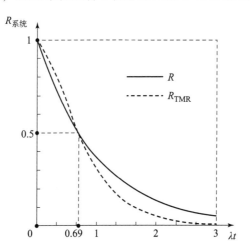

图4.5　TMR 系统的可靠度（作为一个规范化时间 λt 的函数）

例 4.1　某控制器的 MTTF 是 11×10^{3} h，预期以 500 h 任务期连续运行。三个控制器以 TMR 配置方式连接在一起。检查在不降低任务可靠度的前提下，任务时间能否翻倍。假定表决器完好。

解：首先确定单个控制器在 500 h 任务期内的可靠度。一个控制器的失效率为 $\lambda = 1/\text{MTTF} = 0.9 \times 10^{-4}/\text{h}$，因此，其在 500 h 任务期内的可靠度为

$$R(500) = \mathrm{e}^{-\lambda t} = \mathrm{e}^{-0.9 \times 10^{-4} \times 500} = 0.956$$

使用式（4.2），我们计算 TMR 配置在 1 000 h 任务期内的可靠度为

$$R_{\text{TMR}}(1\,000) = 3\mathrm{e}^{-2\lambda t} - 2\mathrm{e}^{-3\lambda t} = 0.979$$

因此，在不降低任务可靠度的前提下任务时间能够翻倍。

2. 表决器非完好

在上一节中，假设表决器完好，我们评估了一个 TMR 系统的可靠度。显然，这样的假设是不现实的。为了更准确地评估一个 TMR 系统的可靠度，我们需要考虑表决器的可靠度 R_{V}。

如果表决器失效，那么整个系统将失效，所以表决器和冗余单元是串联关系。因此，我们得到以下关于非完好表决器的 TMR 系统的可靠度：

$$R_{\text{TMR}} = (3R^2 - 2R^3)R_{\text{V}} \tag{4.3}$$

表决器的可靠度必须很高，才能保证 TMR 系统的整体可靠度高于非冗余系统的可靠度。根据 $(3R^2 - 2R^3)R_{\text{V}} > R$，能得出表决器的可靠度至少为

$$R_{\text{V}} > \frac{1}{3R - 2R^2} \tag{4.4}$$

可以看到[14]，当 $R = 0.75$ 时，表达式 $3R - 2R^2$ 取得最大值。将 $R = 0.75$ 代入式（4.4），得到满足式（4.4）的最小值 R_{V}，即 $R_{\text{V}} = 0.889$。

幸运的是，相对于冗余部件来说，表决器通常是非常简单的设备，因此它的失效概率非常小。尽管如此，在某些系统中，根据规格说明书的要求，单点失效的出现是不可接受的。在一个系统中，失效单点可能是一旦其失效会导致系统失效的任意部件。在这种情况下，就应使用带冗余表决器的方案。

一种可能是图4.6所示的带三模表决器。这样的结构能避免单点失效，但是要求在三个表决器之间建立一致意见。为了达成一致意见，表决器之间通常需要交换几轮信息。

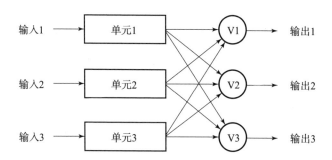

图 4.6　带三模表决器的 TMR 系统

带三模表决器的多阶段 TMR 系统连接如图4.7所示。这样的技术应用在诸如波音777飞机上来保护所有重要的硬件资源，包括计算机系统、供电系统、液压系统和通信路径等[17]。

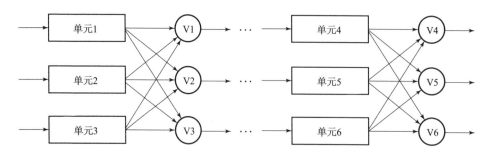

图 4.7　多阶段 TMR 系统连接

另一种可能是使用备份表决器来替换失效表决器。在这种情况下，需要一个额外的故障检测单元来检测主要的表决器失效。

例 4.2 假设表决器的 MTTF 是 25×10^3 h，重解例 4.1。

解：表决器的失效率是 $\lambda = 1/\mathrm{MTTF} = 0.4 \times 10^{-4}/\mathrm{h}$。因此，它的 1 000 h 任务期的可靠度为

$$R(1\ 000) = \mathrm{e}^{-\lambda t} = \mathrm{e}^{-0.04} = 0.961$$

带有非完好表决器的 TMR 配置的可靠度是带有完好表决器的 TMR 可靠度和表决器的可靠度的乘积。在例 4.1 中，我们确定带有完好表决器的 TMR 在 1 000 h 任务期的可靠度是 0.979，可得

$$R_{\mathrm{TMR}}(1\ 000) = 0.979 \times 0.961 = 0.941$$

因此，在不降低任务可靠度的前提下，任务时间不能翻倍。

4.2.1.2 同步器和判定

表决结果严重依赖精确的时间[11]。如果输入值到达表决器的时间不同，那么就可能产生不正确的表决结果。因此，在 TMR 或 NMR 系统中，需要一个可靠的同步器服务。这通常是通过（或使用）额外的定时器，或者执行异步协议来实现，该异步协议依靠先进的算法来提供时间估计。多处理器系统通常使用具有故障容限功能的全局时钟服务，该服务为整个系统保持不中断的时间源。

表决的另一个问题是，到达表决器的值即使在无故障的情况下也有可能不完全一致。例如，模/数转换器会产生微小的不一致的值。克服这个问题的常用方法是，接受中值（即位于剩余两个数之间的数）作为正确数，这一技术称为中值选择。另一种方法是忽略几个最不重要的信息位，只在剩余位中进行表决，被安全忽略的位数取决于应用场合。不同表决技术的全面讨论可查阅手册[9]。

4.2.1.3 表决器实现

表决可在硬件或软件中实施。硬件表决器通常很快，能满足任何时间响应需求。如果通过软件表决器来进行表决，就有可能在要求的时间内不能达成一致。

带 3 个输入的硬件多数表决器如图 4.8 所示。它的输出函数 $f(x_1, x_2, x_3)$ 值由输入变量 x_1、x_2、x_3 值的多数决定，$f(x_1, x_2, x_3)$ 的真值表如表 4.1 所示。

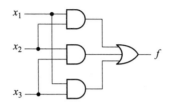

图 4.8 实现 3 取 2 的多数表决器的逻辑电路

表 4.1 3 取 2 的多数表决器的真值表

x_1	x_2	x_3	f
0	0	0	0
0	0	1	0
0	1	0	0
0	1	1	1
1	0	0	0
1	0	1	1
1	1	0	1
1	1	1	1

4.2.2 N 模冗余

N 模冗余方法与三模冗余（TMR）的原理相同，差别在于它使用 N 单元而不是 3 单元。N 模冗余系统的配置如图 4.9 所示。数字 N 为奇数，这是为了确保多数表决的可能。NMR 系统能屏蔽 $\lfloor N/2 \rfloor$ 个单元故障。

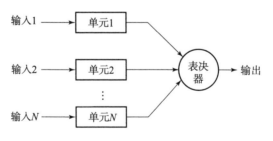

图 4.9 N 模冗余系统

假定表决器完好且单元失效是相互独立事件，具有 $N = 2n + 1$ 个单元 NMR 系统的可靠度为

$$R_{\mathrm{NMR}} = \sum_{i=n+1}^{2n+1} \binom{2n+1}{i} R^i (1-R)^{2n+1-i} \tag{4.5}$$

式中，R 表示单元可靠度。该公式直接来源于式（3.9）。

图 4.10 展示了不同 N 值的 NMR 系统的可靠度，$N=1,3,5,7$。正如所预期的那样，N 值越大，系统的可靠度越高。在近似时间 $\lambda_t=0.69$，非冗余系统、TMR、5MR 和 7MR 的可靠度变得相等；在 $\lambda t=0.69$ 之后，非冗余系统的可靠度高于冗余系统的可靠度。因此，与 TMR 系统相似，NMR 系统适用于任务时间短于 0.69 MTTF 的应用场合。

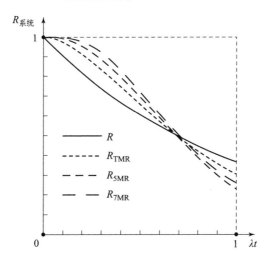

图 4.10　不同 N 值对应 NMR 系统的可靠度

例 4.3　假设系统使用了 5MR 而不是 TMR 系统，重解例 4.2。

根据式（4.5），我们得到在表决器完好的情况下，关于 5MR 系统可靠度的以下表达式：

$$R_{5MR} = R^5 + 5R^4(1-R) + 10R^3(1-R)^2$$

如果表决器非完好，则上述表达式要乘以表决器的可靠度，即

$$R_{5MR} = \left[R^5 + 5R^4(1-R) + 10R^3(1-R)^2\right]R_V$$

在例 4.1 中，我们估计了单控制器 1 000 h 任务期的可靠度为 $R(1\,000)=0.956$。在例 4.2 中，我们得到了表决器 1 000 h 任务期的可靠度为 $R_V(1\,000)=0.961$。通过将这些值代入上述表达式，我们得到 5MR 系统 1 000 h 任务期的可靠度为

$$R_{5MR}(1\,000) = 0.96$$

所以，在不降低任务可靠度的前提下，任务时间能够翻倍。

4.3　主动型冗余

主动型冗余获得故障容限的方式为：首先检测故障的发生；然后采取行

动，使系统恢复到工作状态。主动型冗余技术通常应用在需要高可用性的场合，如分时计算系统和交易处理系统。在这些场合，短时间的错误结果比使用高度冗余来屏蔽故障更可取，只要系统在规定的时间内回到正常工作状态，少许的偶然错误是允许的。

在本节，我们将讨论三种常见的主动型冗余技术：比较重复、备份冗余和成对备份。

4.3.1 比较重复

主动型冗余的基本形式是如图 4.11 所示的比较重复，两个相同的单元并联工作，将它们的结果通过比较器来比较，如果结果不一致，一个错误信号就产生了。根据不同的应用场合，复制单元可能是处理器、存储器、总线等。

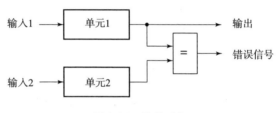

图 4.11　比较重复

比较重复方案只能检测一个单元故障，故障检测后，系统不会采取行动恢复到工作状态。

4.3.1.1 可靠性评估

只有当两个单元都工作正常时，比较重复系统才工作正常。当首个故障发生后，比较器检测到不一致，系统正常工作就停止。但是比较器区分不出两个结果中的哪个是正确的。假定比较器完好且部件失效是相互独立事件，则系统可靠度为

$$R_{DC} = R_1 R_2 \tag{4.6}$$

式中，R_1 和 R_2 分别是单元 M_1 和 M_2 的可靠度。

如图 4.12 所示，对比了比较重复系统（单元可靠度 $R_1 = R_2 = R$）的可靠度与单个单元（可靠度为 R）组成的非冗余系统的可靠度。从图中可知，除非单元完好，即 $R(t) = 1$，否则比较重复系统的可靠度小于非冗余系统的可靠度。

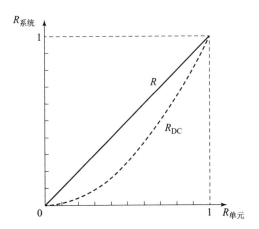

图 4.12　比较重复系统的可靠度与非冗余系统的可靠度比较

4.3.2　备份冗余

备份冗余[7]是另一种主动型硬件冗余技术，基本配置如图 4.13 所示。n 个单元中有 1 个是主份单元，剩余的 $n-1$ 个单元充当备份（或备份件）作用。一个开关监测主份单元，如果故障检测单元报告了一个错误，开关就将工作状态切换到一个备份单元。

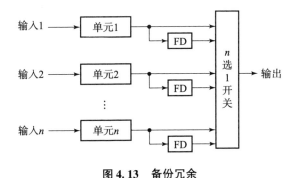

图 4.13　备份冗余

备份冗余有两种类型：热备份和冷备份。在热备份中，工作单元和备份单元都加电。因此，在主份单元失效后，备份单元能被立即切换过去使用。这能够最小化由于系统重配置导致的停工时间。

在冷备份中，备份处于断电状态，直到它们被用于替换某个故障单元。这样增加了用于对备件进行加电和初始化的重配置时间。但是，在备份模式下，由于备份不会消耗能源，因此这样的平衡更适合应用在能源消耗是关键的场合，如卫星系统。

具有 n 个单元的备份冗余能够容限 $n-1$ 个单元故障。这里的"容限"，是指系统能够检测和定位故障，从故障状态成功恢复并继续正常工作。当第 n 个故障产生，它能被故障检测单元识别。但是，由于备件池已经耗尽，导致系统不能恢复并继续工作，因此第 n 个故障不能容限。

备份冗余应用在很多场合。一个例子就是阿波罗宇宙飞船望远镜的指向计算机，该计算机曾应用在美国首个空间站"太空实验室"上[5]。在这个系统中，两台同样的计算机（一台主份、一台备份）通过一个开关连接在一起，该开关能监测主份计算机，在遇到故障情况下能将工作状态切换到备份计算机上。

另一个例子是"不停休喜马拉雅"服务器[3]。这个系统由一串并行工作的处理器组成，每个处理器有自己的存储器和操作系统备份，主份进程和备份进程在独立处理器上运行，备份进程镜像了主份进程的所有信息，在主份处理器失效的情况下能够立即接管工作。

4.3.2.1 可靠性评估

由于备份部件处于储存状态，只有在主份单元失效的情况下，才会转入工作状态。根据它们的特性，备份系统涉及部件之间的依赖性，因此，备份系统最好使用马尔可夫模型来分析。我们首先考虑一种理想化情况：故障检测单元和开关不会失效，故障检测单元提供的故障检测率为1。因此，如果某个单元内产生了一个故障，则该单元由备份成功替换。后续我们将讨论故障检测概率小于1的情形。

区分故障检测单元的失效和它提供的故障检测率是非常重要的，故障检测率是由故障检测单元执行的故障检测机制来决定的。例如，已知一定百分比的单元故障通过在故障检测单元使用的错误识别代码是不可检测的。因此，如果故障检测率小于1，则它并不意味着故障检测单元没有按预期来运行。相反，如果一个故障检测单元失效了，那么这意味着它已停止正确执行功能。因此，故障检测单元传递一个错误结果，同时可能引起系统失效。

1. 故障检测率为1

如图4.14所示，考虑带一个备件的备份冗余方案。让单元1作为主份，单元2作为备份。假设我们有一个冷备份（即备份处于断电状态），直到需要替换故障单元时才加电。在这种情况下，很自然会假设备件在备份模式下不会失效。这个假设通常用在冷备份系统的分析上。

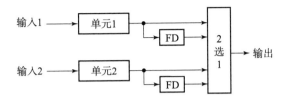

图 4.14 带一个备件的备份冗余

用作可靠性评估的系统马尔可夫链（不可维修）如图 4.15 所示，它的状态数如表 4.2 所示。

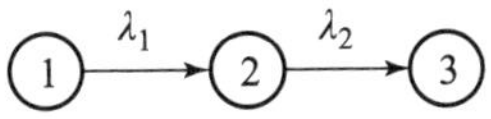

$$1 \xrightarrow{\lambda_1} 2 \xrightarrow{\lambda_2} 3$$

图 4.15 带一个备件的冷备份冗余的马尔可夫链

表 4.2 图 4.15 所示马尔可夫链对应的状态数

部件		状态序号
1	1	
O	O	1
F	O	2
F	F	3

当主份部件失效时，在状态 1 和状态 2 之间有一个转移。如果系统处于状态 2 且备份失效，那么有一个到状态 3 的转移。由于我们假设备件在备份模式下不会失效，因此组合（O，F）不可能发生。状态 1 和状态 2 是工作状态，状态 3 是失效状态。

图 4.15 所示的马尔可夫链的转移矩阵为

$$\boldsymbol{M} = \begin{bmatrix} -\lambda_1 & 0 & 0 \\ \lambda_1 & -\lambda_2 & 0 \\ 0 & \lambda_2 & 0 \end{bmatrix}$$

因此，我们得到下面的系统状态转移方程：

$$\frac{\mathrm{d}}{\mathrm{d}t}\begin{bmatrix} P_1(t) \\ P_2(t) \\ P_3(t) \end{bmatrix} = \begin{bmatrix} -\lambda_1 & 0 & 0 \\ \lambda_1 & -\lambda_2 & 0 \\ 0 & \lambda_2 & 0 \end{bmatrix} \times \begin{bmatrix} P_1(t) \\ P_2(t) \\ P_3(t) \end{bmatrix}$$

或

$$\begin{cases} \dfrac{\mathrm{d}}{\mathrm{d}t}P_1(t) = -\lambda_1 P_1(t) \\[2mm] \dfrac{\mathrm{d}}{\mathrm{d}t}P_2(t) = \lambda_1 P_1(t) - \lambda_2 P_2(t) \\[2mm] \dfrac{\mathrm{d}}{\mathrm{d}t}P_3(t) = \lambda_2 P_2(t) \end{cases}$$

解该系统方程组，可得

$$\begin{cases} P_1(t) = \mathrm{e}^{-\lambda_1 t} \\[2mm] P_2(t) = \dfrac{\lambda_1}{\lambda_2 - \lambda_1}(\mathrm{e}^{-\lambda_1 t} - \mathrm{e}^{-\lambda_2 t}) \\[2mm] P_3(t) = 1 - \dfrac{1}{\lambda_2 - \lambda_1}(\lambda_2 \mathrm{e}^{-\lambda_1 t} - \lambda_1 \mathrm{e}^{-\lambda_2 t}) \end{cases}$$

系统的可靠度是 $P_1(t)$ 和 $P_2(t)$ 的和，即

$$R_{SS}(t) = \mathrm{e}^{-\lambda_1 t} + \frac{\lambda_1}{\lambda_2 - \lambda_1}(\mathrm{e}^{-\lambda_1 t} - \mathrm{e}^{-\lambda_2 t})$$

该式可重写为

$$R_{SS}(t) = \mathrm{e}^{-\lambda_1 t} + \frac{\lambda_1}{\lambda_2 - \lambda_1}\mathrm{e}^{-\lambda_1 t}(1 - \mathrm{e}^{-(\lambda_2 - \lambda_1)t}) \tag{4.7}$$

假设 $(\lambda_2 - \lambda_1)t \ll 1$，我们将式 $\mathrm{e}^{-(\lambda_2-\lambda_1)t}$ 展开为 $-(\lambda_2 - \lambda_1)t$ 的幂级数：

$$\mathrm{e}^{-(\lambda_2 - \lambda_1)t} = 1 - (\lambda_2 - \lambda_1)t + 1/2(\lambda_2 - \lambda_1)^2 t^2 - \cdots$$

将它代入式（4.7），可得

$$R_{SS}(t) = \mathrm{e}^{-\lambda_1 t} + \lambda_1 \mathrm{e}^{-\lambda_1 t}[t - 1/2(\lambda_1 - \lambda_2)t^2 + \cdots]$$

假设 $\lambda_2 = \lambda_1$，则上式可简化为

$$R_{SS}(t) = (1 + \lambda t)\mathrm{e}^{-\lambda t} \tag{4.8}$$

下面，让我们看看如果忽略失效部件之间的依赖性，式（4.8）会如何变化。如果主份单元和备份单元失效被认为是相互独立事件，则备份系统的可靠度是两个概率之和：

（1）单元 1 正常工作的概率。

（2）单元 2 正常工作的概率，即单元 1 已失效，被单元 2 替换。

那么我们得到下面的系统可靠度的表达式：

$$R_{SS} = R_1 + (1 - R_1)R_2$$

如果 $R_1 = R_2 = R$，则

$$R_{SS} = 2R - R^2$$

或

$$R_{SS}(t) = 2e^{-\lambda t} - e^{-2\lambda t} \tag{4.9}$$

图 4.16 比较了由式（4.8）和式（4.9）给出的可靠度曲线，我们可以看到忽略失效之间的依赖性会导致低估备份系统的可靠度，前者 $R_{SS}(t) = 0.74$，而后者 $R_{SS}(t) = 0.60$。

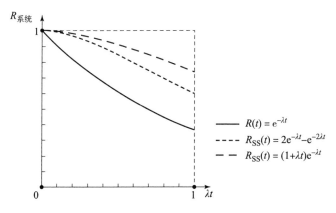

图 4.16　冷备份冗余可靠度与非冗余系统可靠度的比较

例 4.4　绘制一个用作可用性评估的马尔可夫链，该链对应带三个单元的热备份冗余系统。假设：

- 每个单元的失效率为 λ，修复率为 μ；
- 开关的失效率为 λ_S，修复率为 μ_S；
- 故障检测单元完好且故障检测率为 1。

解：生成的马尔可夫链如图 4.17 所示；状态标记如表 4.3 所示，状态 1~3 是工作状态，状态 4~8 是失效状态。由于我们执行可用性评估，系统还能从失效状态修复。

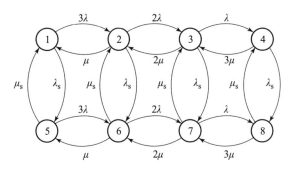

图 4.17　例 4.4 对应的马尔可夫链

表 4.3　例 4.4 对应的马尔可夫链的状态

状态	描述
1	三个部件和开关处于工作状态
2	一个部件失效，两个部件和开关处于工作状态
3	两个部件失效，一个部件和开关处于工作状态
4	三个部件失效，开关处于工作状态
5	三个部件处于工作状态，开关失效
6	两个部件处于工作状态，一个部件和开关失效
7	一个部件处于工作状态，两个部件和开关失效
8	三个部件和开关都失效

在热备份配置中，所有单元都加电。因此，备份单元在备份模式可能失效。因此，从状态 1 到状态 2 的转移以 3λ 速率发生。如果我们使用冷备份，则速率将会是 λ。

2. 故障检测率小于 1

下面，我们将讨论故障检测率小于 1 的情况。假设故障被检测出来的概率为 C，那么故障没被检测出来的概率为 $1 - C$。假设如果某个故障被检测出来，则开关通过备份成功替换主份单元；如果某个故障没被检测出来，则系统会失效。

图 4.18 所示为具备这些假设的用作可靠性评估的马尔可夫链，从状态 1 开始的转移分成了两个转移，失效率乘以 C 就得到成功转移到状态 2 的速率，失效率乘以 $(1 - C)$ 就得到由于没有监测到故障导致的失效率。（我们假设系统不可维修）

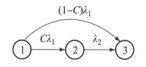

图 4.18　带一个备件且故障检测率为 C 的冷备份冗余对应的状态转移图

图 4.18 所示的马尔可夫链对应的状态转移方程为

$$\begin{cases} \dfrac{\mathrm{d}}{\mathrm{d}t}P_1(t) = -\lambda_1 P_1(t) \\[2mm] \dfrac{\mathrm{d}}{\mathrm{d}t}P_2(t) = C\lambda_1 P_1(t) - \lambda_2 P_2(t) \\[2mm] \dfrac{\mathrm{d}}{\mathrm{d}t}P_3(t) = \lambda_2 P_2(t) + (1 - C)\lambda_1 P_1(t) \end{cases}$$

求解该系统方程，可得

$$\begin{cases} P_1(t) = \mathrm{e}^{-\lambda_1 t} \\[2mm] P_2(t) = \dfrac{C\lambda_1}{\lambda_2 - \lambda_1}(\mathrm{e}^{-\lambda_1 t} - \mathrm{e}^{-\lambda_2 t}) \\[2mm] P_3(t) = 1 - \left(1 + \dfrac{C\lambda_1}{\lambda_2 - \lambda_1}\right)\mathrm{e}^{-\lambda_1 t} + \dfrac{C\lambda_1}{\lambda_2 - \lambda_1}\mathrm{e}^{-\lambda_2 t} \end{cases}$$

如前所述，状态 3 是失效状态。因此，系统的可靠度是 $P_1(t)$ 和 $P_2(t)$ 之和，即

$$R_{SS}(t) = \mathrm{e}^{-\lambda_1 t} + \frac{C\lambda_1}{\lambda_2 - \lambda_1}(\mathrm{e}^{-\lambda_1 t} - \mathrm{e}^{-\lambda_2 t})$$

假设 $\lambda_2 = \lambda_1$，上式可简化为

$$R_{SS}(t) = (1 + C\lambda t)\mathrm{e}^{-\lambda t} \tag{4.10}$$

如图 4.19 所示，比较了基于不同故障检测率 C 的冷备份冗余系统的可靠度。随着 C 值减小，备份冗余的可靠度减少，当 C 值减小到 0，备份冗余系统的可靠度减小到非冗余系统的可靠度。

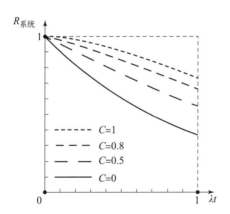

图 4.19　基于不同故障检测率 C 的冷备份冗余系统的可靠度

例 4.5　两个相同部件以冷备份配置方式连接，如果单个部件的失效率是 $\lambda = 0.4 \times 10^{-4}/\mathrm{h}$，故障检测概率为 97%，那么计算 3 000 h 内的系统可靠度。假设：

- 故障检测单元和开关不会失效；
- 备份部件在备份模式下不会失效；
- 系统不可维修。

解：利用式（4.10），可得

$$R_{SS}(3\,000) = (1 + C\lambda t)\mathrm{e}^{-\lambda t} = (1 + 0.97 \times 0.04 \times 3)\mathrm{e}^{-0.04 \times 3} = 0.99$$

例 4.6 绘制一个用作安全性评估的马尔可夫链，该链对应带三单元的冷备份冗余系统。假设每个单元的失效率为 λ，修复率为 μ，备件在备份模式下不会失效，开关和故障检测单元完好，故障检测率为 C。假设如果系统失效后不安全，则不能维修；否则，它是能维修的。

解： 生成的马尔可夫链如图 4.20 所示；状态标识如表 4.4 所示，状态 1~3 是工作状态，状态 4 是失效—安全状态，状态 5 是失效—不安全状态。

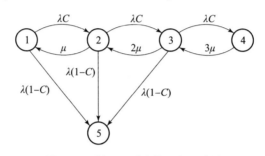

图 4.20　例 4.6 对应的马尔可夫链

表 4.4　例 4.6 对应马尔可夫链的状态表

状态	描述
1	三个部件处于工作状态
2	一个部件失效且失效被检测，两个部件处于工作状态
3	两个部件失效且失效都被检测，一个部件处于工作状态
4	三个部件失效且失效都被检测（失效—安全状态）
5	部件失效没被检测（失效—不安全状态）

4.3.3　成对备份

成对备份技术[6]结合了比较重复和备份冗余的方法，它的配置如图 4.21 所示。

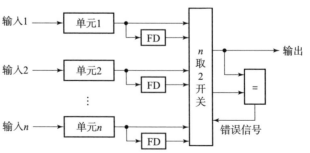

图 4.21　成对备份冗余

除了不是一个主份单元而是两个并行工作外，成对备份的思想类似于备份冗余。与在比较重复的案例中一致，结果通过比较来检测不一致。如果从比较器收到了错误信号，开关就分析故障检测模块的报告，并确定两个单元中的哪个出现故障。然后将故障单元移出工作状态，并用备份单元替换。

具有 n 个单元的成对备份系统能够容限 $n-2$ 个故障单元。当第 $n-1$ 个故障发生时，它由开关检测和定位，正确结果被送往系统输出。然而，由于没有更多的可用部件，开关不能用备份单元替换故障单元，所以系统不能继续正常工作。

显然，设计一个扩展版成对备份冗余系统是可能的，在该系统中，第 $n-1$ 个故障发生后，系统能重新配置并以一个主份单元工作。当收到一个没有剩余备份的信号时，比较器断开、开关修改成从 n 中选 1 模式，该模式开关从故障检测单元接收错误信号，就像在备份冗余的案例中一样。这样的扩展版成对备份冗余系统能容限 $n-1$ 个单元故障并能检测 n 个单元故障。

例 4.7　绘制一个用作可靠性评估的 4 单元成对备份冗余的马尔可夫链。假设：
- 每个单元失效率为 λ，修复率为 μ；
- 比较器的失效率为 λ_{c}；
- 故障检测单元和开关完好；
- 故障检测率为 1。

解：生成的马尔可夫链如图 4.22 所示；状态标识如表 4.5 所示，状态 1~3 是工作状态，状态 4 是失效状态。在一个成对备份配置中，我们至少需要两个系统单元处于工作状态。因此，当第 3 个部件失效后，系统失效。由于我们实施可靠性评估，系统不能从失效状态修复，因此不需要区分是由比较器失效正是由单元失效导致的系统失效。所有的失效状态合并成一个状态。

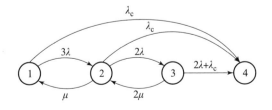

图 4.22　例 4.7 对应的马尔可夫链

表4.5　例4.7 对应马尔可夫链的状态表

状态	描述
1	四个部件和比较器处于工作状态
2	一个部件失效，三个部件和比较器处于工作状态
3	两个部件失效，两个部件和比较器处于工作状态
4	系统失效

4.4　混合冗余

混合冗余结合了被动型冗余和主动型冗余的优势。故障屏蔽用来防止系统产生瞬态错误结果。当某个故障发生时，故障检测、定位和恢复用来重配置系统。混合冗余技术通常应用在安全关键的场合，如化工过程的控制系统、核电站、武器、医疗设备、飞机、火车和汽车等。

在本节中，我们讨论两种混合冗余技术：自清除冗余和带备件的 N 模冗余。

4.4.1　自清除冗余

自清除冗余[8]由 n 个相同单元组成，n 个相同单元并行执行相同计算且主动参与表决（图4.23），表决器的输出与每个单独单元的输出相比较来检测不一致。如果产生了不一致，开关就打开，从系统排除或者清除故障单元。表决器被设计成一个阈值门限，能够适应不断减少的输入数。

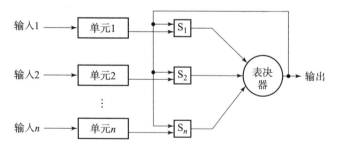

图4.23　自清除冗余

阈值门限按照如下方式工作[1]：它的 n 个输入 $x_1, x_2, \cdots, x_n$ 中的任何一个都有对应的权重 $w_1, w_2, \cdots, w_n$。通过将加权后的输入值之和与某个阈值相比较来确定输出 f：

$$f = \begin{cases} 1, \sum_{i=1}^{n} w_i x_i \geq T \\ 0, 其他 \end{cases}$$

式中，加法和乘法都是标准的数学运算。

阈值表决器通过强迫故障单元的权重为 0 来表决排除它。在这种方式中，故障单元对加权后的总和没有贡献。

带 n 个单元的自清除冗余系统能屏蔽 $n-2$ 个单元故障。当清除 $n-2$ 个单元时，只剩下 2 个单元，系统能检测接下来的第 $n-1$ 个故障，但就像在比较重复的案例中一样，表决器不能区分 2 个结果中的哪个是正确的。

4.4.1.1　可靠性评估

由于所有系统单元并行工作，我们假设单元失效是相互独立的。系统中的 2 个单元正确运行对于系统正常工作就足够了。假如表决器和开关完好，且所有单元有相同的可靠度 $R_1 = R_2 = \cdots = R_n = R$，如果所有单元失效（概率为 $(1-R)^n$）或者如果除一个单元完好外其他单元都失效（概率为 $R(1-R)^{n-1}$），则系统处于不可靠状态。由于对于 n 选 1 的单元有 n 个选择来保留工作状态，我们得到方程：

$$R_{SP} = 1 - \left[(1-R)^n + nR(1-R)^{n-1} \right] \tag{4.11}$$

图 4.24 比较了分别带 3 个、5 个和 7 个单元的自清除冗余系统的可靠度。

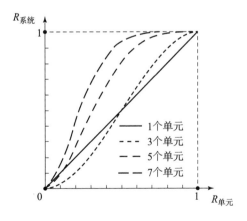

图 4.24　分别带 3 个、5 个和 7 个单元的自清除冗余系统的可靠度

将自清除冗余系统可靠度与相同单元数的被动型 N 模冗余系统可靠度进行比较，那是很有趣的。图 4.25 所示为单元数为 5 时的相应曲线。我们能看到，带 5 个单元的自清除冗余系统的可靠度显著高于 5 模冗余系统的可靠度。

例如，当 $R = 0.7$ 时，有 $R_{5MR} = 78\%$，$R_{SP(5)} = 96.9\%$。

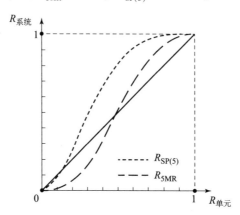

图 4.25　带 5 个单元的自清除冗余系统可靠度
与 5 模冗余系统可靠度的比较

　　例 4.8　某个开关设计寿命可靠度为 $R = 0.85$，某设计师接到任务要将设计寿命可靠度提高到不小于 0.93，他将在 TMR 和自清除冗余配置之间做选择。在可用部件中，他有一个多数表决器（设计寿命期可靠度 $R_{VM} = 0.99$）和一个阈值表决器（要求设计寿命期的可靠度 $R_{VT} = 0.94$）。需确定使用哪种配置。

　　解：利用式（4.3），我们能计算 TMR 系统的可靠度为
$$R_{TMR} = (3R^2 - 2R^3)R_{VM} = 0.939 \times 0.99 = 0.929$$

　　根据式（4.11），我们得到带 3 个单元的自清除冗余系统的可靠度表达式，通过与阈值表决器相乘，可得

$$R_{SP(3)} = \{1 - [(1 - R)^3 + 3R(1 - R)^2]\}R_{VT} = 0.997 \times 0.94 = 0.937$$

　　所以，为了获得不小于 0.93 的设计寿命期可靠度，应使用自清除冗余配置。

　　例 4.9　在例 4.8 中，如果使用的是带 2 个单元的自清除冗余系统，那么请确定阈值表决器的设计寿命期可靠度要多大。

　　解：如果 2 个单元工作或者其中 1 个单元失效，则带 2 个单元的自清除冗余配置处于工作状态。所以，对于一个完好表决器的情况，我们得到下面的设计寿命可靠度：

$$R_{SP(2)} = R^2 + 2R(1 - R) = 0.977$$

为了得到 $0.977 \times R_{VT} \geqslant 0.93$，阈值表决器的设计寿命期可靠度应为 $R_{VT} \geqslant 0.93/0.977 = 0.952$。

4.4.2　带备件的 N 模冗余

在带 k 个备件的 N 模冗余系统[13]中，n 模并行工作，提供输入一个多数表决器，如图 4.26 所示。其他的 k 个单元作为备件。如果主份单元中的任意一个发生故障，则开关通过备件替换故障单元。利用各种技术来识别故障单元。方法之一是将表决器的输出与每个单元的输出进行比较，将某个与多数结果不一致的单元断定为发生故障。

备件池耗尽以后，不一致检测器关闭，系统继续以被动型 NMR 系统工作。因此，带 k 个备件的 N 模冗余系统能够屏蔽 $\lfloor n/2 \rfloor + k$ 个单元故障。

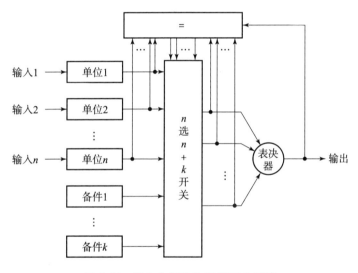

图 4.26　带 k 个备件的 N 模冗余系统

例 4.10　绘制一个用作可靠性评估对应的马尔可夫链，该链对应带 2 个备件的 3 单元冗余系统。假设：

- 任一单元和任一备件的失效率都为 λ；
- 备件在备份模式下不会失效；
- 表决器的失效率为 λ_v；
- 开关和不一致检测器完好；
- 只有通过不一致检测器识别的故障单元才能被修复。一旦系统简化成被动型 TMR，不一致检测器关闭，故障单元不能被修复。

解：生成的马尔可夫链如图 4.27 所示；状态标识如表 4.6 所示，状态 1 ~ 4 是工作状态，状态 5 是失效状态。我们至少需要 2 个系统单元工作状态。因此，当 5 个部件中有 3 个失效时，系统失效。由于我们实施可靠性评估，系统不能从失效状态修复，因此我们不需要区分是由于表决器失效还是单元失效导致的系统失效。所有的失效状态合并成一个。此外，由于最后的假设，我们不能从状态4修复。这是一个合理假设，因为系统一旦被简化成被动型TMR，则不一致检测器关闭，故障单元只能被屏蔽而不是被检测。因此，修复人员不知道是否有故障单元需要修复。为了找到故障单元，TMR必须停止并进行测试。由于可靠性分析要求连续工作，所以系统中断是不被允许的。

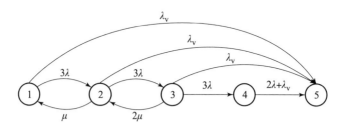

图4.27　例4.10对应的马尔可夫链

表4.6　例4.10对应马尔可夫链的状态表

状态	描述
1	三个部件和两个备件处于工作状态
2	一个部件失效且被一个备件替换，一个备件剩余
3	两个部件失效且被备件替换，没有备件剩余
4	一个部件失效且系统成 TMR 配置
5	系统失效

4.5　小结

在本章，我们研究了设计故障容限硬件系统的不同技术。我们讨论了3类硬件冗余方法：被动型、主动型和混合型。我们探讨了最广泛的冗余配置且评估了对系统可信性的影响。我们了解到冗余复杂度的增加是很严肃的，如果冗余资源未用正确方式进行配置，那么可能会降低可信度的改善。

思考题

说明：在所有思考题中，我们假定部件的失效和维修是独立事件（除非另有说明），且失效率和修复率是恒定的。

4.1　假设图 4.1 所示系统中的部件有相同成本，它们的可靠度是 $R_1 = 0.75$ 和 $R_2 = 0.96$。你的任务是通过增加两个冗余部件来提高系统的可靠度。确定以下哪一种选择较好：

（1）将部件 1 替换三个部件组成的并行系统。

（2）将部件 1 和部件 2 均替换为两个部件组成的并行系统。

4.2　使用一年后，控制器的可靠度为 0.85。

（1）如果三个控制器以 TMR 配置连接，则生产的系统在运行第一年后的可靠度是多少？假设表决器完好，不允许维修。

（2）假设表决器的可靠度为 $R_V(t)$。估计 $R_V(1\ 年)$ 值，使 TMR 配置的可靠度等于单个控制器的可靠度。

4.3　绘制一个马尔可夫链，用于对图 4.6 所示的带三个表决器的 TMR 系统进行可靠性评估。假设每个模块的失效率为 λ_M，且每个表决器的失效率为 λ_V，系统不可维修。

4.4　绘制一个有 5 个输入的得票多数表决器的逻辑图。

4.5　假设一个处理器有 $\lambda = 0.184 \times 10^{-3}/h$ 的不变失效率。如果由 N 个那样失效率的处理器组成的系统以 NMR 配置，不超过 4% 的失效概率连续运行 800 h，请确定应该使用多大的 N 值？假设表决器完好，且系统不可维修。

4.6　某系统以 TMR 配置，由三个单元组成，运行第一年后的可靠度分别为：$R_1 = 0.85$，$R_2 = 0.87$ 和 $R_3 = 0.89$。计算系统在第一年运行后的系统可靠度。假设表决器完好，且系统不可维修。

4.7　某工程师设计一个由两个子系统串联组成的系统，子系统可靠度分别为 $R_1 = 0.99$，$R_2 = 0.85$，两个子系统的成本是一样的。该工程师决定增加两个冗余部件，以下哪一种方案是最佳选择？

（1）使用高层级冗余，复制子系统 1 和子系统 2（类似图 4.2（a））。

（2）使用低层级冗余，复制子系统 1 和子系统 2（类似图 4.2（b））。

（3）将第二个子系统替换为三个部件并联的系统。

4.8　比较 5MR（每个单元失效率为 0.001/h）的 MTTF 和 TMR（每个单元失效率为 0.01/h）的 MTTF。假设表决器完好，且不允许维修。

4.9　绘制一个马尔可夫链，用于对 5MR（每个单元失效率为 λ）系统进行可靠性评估。假设表决器完好，且不允许维修。

4.10　磁盘驱动器具有恒定失效率、7 000 h 的 MTTF。

（1）运行第一年后的失效率是多少？

（2）如果两个驱动器以冷备份配置，运行第一年后的失效概率是多少？假设：

- 故障检测单元和开关不会失效；
- 故障检测率为1；
- 在储存模式下，备份计算机不会失效。
- 不可维修。

4.11 某系统的 MTTF $= 12 \times 10^3$ h。某工程师要确定设计寿命时间，使寿命末期的可靠度为0.95。

（1）确定设计寿命。

（2）如果两个系统以冷备份冗余配置放置，那么在不减少寿命末期可靠度的前提下，检查设计寿命时间能否翻倍。

（3）如果三个系统以 TMR 配置放置，那么在不减少寿命末期可靠度的前提下，检查设计寿命是否可以增加3倍。假设表决器完好，且系统不可维修。

4.12 一台 MTTF 为 3 000 h 的计算机期望具有连续运行 1 000 h 的任务时间。

（1）计算任务期计算机的可靠度。

（2）假设两台这样的计算机以冷备用冗余配置连接，计算这样系统的任务可靠度。假设与思考题4.10一样。

（3）如果故障检测率是95%，请确定任务可靠性如何改变。

4.13 化学过程控制器的设计寿命可靠度为0.97。因为可靠度被认为太低，所以决定重复配置控制器。设计工程师要在并联和冷备份冗余配置之间做出选择。对于备份冗余配置来说，故障检测率要多大才能比并联配置更可靠？对于备份冗余配置，假设故障检测单元和开关不会失效，在待机模式下备用控制器也不会发生故障。任一配置系统不可维修。

4.14 举例说明你推荐使用冷备份冗余和热备份冗余的应用场合。证明你的回答。

4.15 绘制一个马尔可夫链，用于对带4个单元的冷备份冗余系统进行安全性评估。假设，在每个步骤中，开关检查来自所有4个故障检测单元的报告。如果报告有错误，故障模块将被关闭。还假定：

- 每个模块的失效率为 λ，修复率为 μ；
- 故障检测单元和开关不会失效；
- 故障检测率为 c；
- 如果系统失效导致不安全，则不可维修；否则，就可以修复；

- 如果系统失效导致不安全，就不能进一步失效（例如，因为它停止而存在）。

4.16　绘制一个马尔可夫链，用于带 3 个部件自清除冗余系统进行可靠性评估。假设：

- 每个模块的失效率为 λ；
- 表决器的失效率为 λ_V；
- 开关完好；
- 系统不可维修。

4.17　重解思考题 4.16，进行可靠性评估。假设：

- 每个模块的失效率为 λ，修复率为 μ；
- 表决器和开关完好。

4.18　重解思考题 4.16，进行可用性评估。使用和思考题 4.17 一样的假设。

4.19　绘制一个马尔可夫链，用于带 5 个单元的自清除冗余系统的可用性评估。假设：

- 每个模块的失效率为 λ，修复率为 μ；
- 表决器的失效率为 λ_V，修复率为 μ_V；
- 开关完好。

4.20　绘制一个马尔可夫链，用于带 2 个备件的 5 模冗余系统的可靠性评估。假设：

- 每个单元和备件的失效率为 λ；
- 不一致检测器、开关和表决器完好；
- 备件单元在备份模式下不会失效；
- 系统不可维修。

4.21　假设我们通过一个阈值表决器替换带 k 个备件 n 模冗余（图 4.26）中的多数表决器，该阈值表决器类似于自我清除冗余中使用表决器。在这种情况下，在备件池耗尽后，不一致表决器不会关闭。该系统继续作为一个被动型 NMR 运作，且不一致表决器继续通过将表决器的输出与单元单个输出相比较来识别故障单元。当它识别出一个故障单元时，通过将其权重强制为 0 来移除系统。

在这样的系统中，可以容限多少单元故障？

4.22　绘制一个马尔可夫链，用于对带一个备件的三模冗余系统进行可靠性评估。假设：

- 3个主份单元中每个单元的失效率为 λ_M；
- 备件的失效率为 λ_S；
- 备件在待机状态下不会失效；
- 表决器、开关和不一致检测器完好；
- 系统不可维修。

4.23 以可用性评估为目标重解思考题4.22，有下列假设：

- 单元和备件有相同的失效率 λ 和修复率 μ；
- 表决器的失效率为 λ_V、修复率为 μ_V；
- 备件在备用模式下不会失效；
- 开关和不一致检测器完好；
- 如果系统失效，它就会自动关闭，不会进一步失效。

4.24 图4.28所示的配置称为三模—双工冗余[6]。总共有6个相同的模块，分成3对，并行运行。在每一对中，使用比较器对计算结果进行比较。如果结果一致，则比较器的输出表决。否则，该对模块被断定为错误，开关将其从系统中移除。使用的是阈值表决器，它能适应不断减少的输入数量。当第一个双工对被移除表决时，它工作成一个比较器。当第二对被移除时，它只是简单地将输入信号传递给输出。

这样的配置可以容限多少单元故障？

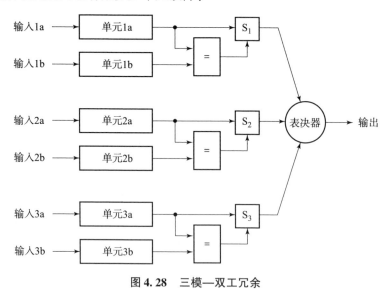

图4.28 三模—双工冗余

4.25 绘制一个马尔可夫链，用于对思考题4.24中描述的三模—双工冗余的可用性进行评估。假设：

- 每个模块的失效率为 λ，修复率为 μ；
- 表决器完好；
- 当一对单元由于故障要从系统关闭，将这对单元从系统移除时，其他单元不会失效。

参考文献

［1］Beiu, V., Quintana, J. M., Avedillo, M. J.: VLSI implementations of threshold logic—a comprehensive survey. IEEE Trans. Neural Netw. **14**(5), 1217 – 1243 (2003)

［2］Bilstein, R. E.: Stages to Saturn: A Technological History of the Apollo/Saturn Launch Vehicle. DIANE Publishing, Darby (1999)

［3］COMPAQ: HP/COMPAQ non – stop Himalaya products (2005). http://www. disastertolerance. com/Himalaya. htm

［4］Dickinson, M., Jackson, J., Randa, G.: Saturn V launch vehicle digital computer and data adapter. In: Proceedings of the Fall Joint Computer Conference, pp. 501 – 516 (1964)

［5］Ferrara, L. A.: Summary description of the AAP Apollo telescope mount. Technical Report TM – 68 – 1022 – 3, National Aeronautics and Space Administration (NASA) (1968)

［6］Johnson, B. W.: The Design and Analysis of Fault Tolerant Digital Systems. Addison – Wesley, Reading (1989)

［7］Losq, J.: Influence of fault – detection and switching mechanisms on the reliability of standby systems. In: Digest 5th International Symposium on Fault – Tolerant Computing, pp. 81 – 86 (1975)

［8］Losq, J.: Ahighly efficient redundancy scheme: Self – purging redundancy. IEEE Trans. Comput. **25**(6), 569 – 578 (1976)

［9］McAllister, D., Vouk, M. A.: Fault – tolerant software reliability engineering. In: Lyu, M. R. (ed.) Handbook of Software Reliability, pp. 567 – 614. McGraw – Hill, New York (1996)

［10］Moore, E., Shannon, C.: Reliable circuits using less reliable relays. J. Frankl. Inst. **262**(3), 191 – 208 (1956)

［11］Parhami, B.: Voting algorithms. IEEE Trans. Reliab. **43**, 617 – 629 (1994)

[12] Pratt, B. , Caffrey, M. , Graham, P. , Morgan, K. , Wirthlin, M. : Improving FPGA design robustness with partial TMR. In: Proceedings of 44th Reliability Physics Symposium, pp. 226 – 232(2006)

[13] Siewiorek, D. P. , McCluskey, E. J. : An iterative cell switch design for hybrid redundancy. IEEE Trans. Comput. **22**(3), 290 – 297 (1973)

[14] Siewiorek, D. P. , Swarz, R. S. : Reliable Computer Systems: Design and Evaluation, 3rd edn. A K Peters Ltd, Wellesley (1998)

[15] Smith, D. J. : Reliability Engineering. Barnes & Noble Books, New York (1972)

[16] von Neumann, J. : Probabilistic logics and synthesis of reliable organisms from unreliable components. In: Shannon, C. , McCarthy, J. : (eds.) Automata Studies, pp. 43 – 98. Princeton University Press, Princeton (1956)

[17] Yeh, Y. : Triple – triple redundant 777 primary flight computer. In: Aerospace Applications Conference, Proceedings, 1996 IEEE, vol. 1, pp. 293 – 307 (1996)

第 5 章　信息冗余

"过而不改，是为过矣。"

——孔子

本章将介绍如何通过编码来实现故障容限。编码是一种强大的技术，它可以帮助我们避免数据在存储或传输过程中产生非预期的信息变更。

对于一个应用，编码的选择通常由需要容忍的错误类型和比例、引起的后果和编解码相关开销决定。例如，易受划伤的物品（如 CD 或 DVD）使用专门为应对突发错误而设计的里德–所罗门码（Reed-Solomon code）；在存储了系统关键且不可恢复文件的主存储器中，通常使用纠错汉明码（Hamming code）；而更简单的检错奇偶校验码可用于高速缓冲区，当发现错误时可实现检错。

本章的结构如下：

（1）在对编码理论的历史进行简要回顾之后，定义诸如码、编码和解码以及信息率等基本概念。

（2）研究最简单的码族奇偶校验码。

（3）提出线性码。线性码的原理为许多重要的编码方式（如汉明码、循环冗余校验（Cyclic Redundancy Check，CRC）、里德–所罗门码等）提供了总体框架，因此本章用了大量篇幅来介绍线性码。

（4）介绍两个更为有效的编码方式：无序码（Unordered codes）和算术码（Arithmetic codes）。

5.1　历史

编码理论起源于 Claude Shannon[25] 和 Richard Hamming[10] 的两部开创性著

作。在美国贝尔实验室（Bell Laboratories）工作的 Hamming 当时在研究利用编码保护存储设备免受单个二进制位错误的可行性。当时，只有通过重复数据三次获得的三重码才能实现这一功能。Hamming 在寻找一种用较少冗余实现纠错码的可能，他发现这样的码应由在足够多的二进制位上不同的字构成。Hamming 引入了两个字之间距离的概念，这就是现在所说的汉明距离。他创造了一个针对单错的纠错码，使每四位数据只使用三个校验位即可实现纠错，因此这一编码的冗余位数比三重码的更少（三重码的冗余位数是这一编码的1.56 倍）。Hamming 在 1950 年发表了这一研究结果。

在 Hamming 发表研究成果的两年前，同样工作于贝尔实验室的 Shannon 开创了一种用于通信的数学理论[25]。他研究了发送者如何通过信道与接收者进行有效通信，并考虑了无噪声和有噪声两种信道类型：对于前一种情况，目标是在满足接收者正常接收并恢复信息的前提下尽量压缩信息，以便使传输的码元总数最少；而后一种情况的目标是向需要传输的信息中添加一些冗余，即使信道噪声导致了一些错误，接收者仍能够恢复信息。Shannon 的研究表明，在两种类型信道上进行通信的速率是由相同的基本规则决定的。由于相同长随机信息被证明相距较远，Shannon 采用长随机字符串对信息进行编码，并证明了采用这一方式对信息进行编码可获得最少的二进制位冗余。

Hamming 和 Shannon 的研究体现了纠错码对于数据传输和存储的价值。后来，人们创造了各种各样高效的编码方式，它们具有强大的检错和纠错能力、更高的信息率和更简单的编解码机制。

5.2 基本概念

在这一节，我们将介绍编码理论的基本概念。假设数据采用 0 或 1 组成的二进制位串的形式，同时假设错误随机且彼此独立地发生，但发生的总体概率是可以预测的。

5.2.1 码

长度为 n 的二进制码即满足特定规则的二进制 n 元组的集合。例如，偶校验码为包含偶数个 1 的所有 n 元组。所有可能的 2^n 个二进制 n 元组的集合 $\{0, 1\}^n$ 称为码空间。

码字是码空间中满足编码规则的一个元素。为了使检错和纠错成为可能，码集应该包含所有可能二进制 n 元组的非空子集。例如，长度为 n 的奇偶校

验码应包含 2^{n-1} 个码字。不满足编码规则的 n 元组称为字。

码集 C 中码字的数量称为 C 的大小，记作 $|C|$。

5.2.2　编码

编码是计算给定数据码字的过程。编码器采用一个二进制 k 元组表示数据，并用一定的规则将其转换为长度为 n 的码字，码字的长度 n 与数据的长度 k 之间的差值 $n-k$ 即编码所需校验位的长度。

例如，采用奇偶校验对数据编码。首先计算数据中 1 的个数，如果为奇数，则将 1 附加到 k 元组的末尾；否则，附加 0。奇偶校验码使用一个校验位。

可分离码是指编码的校验位可以清晰地和数据位分开，奇偶校验是可分离码的一个例子；不可分离码是指编码的校验位始终无法和数据位分离，循环码是不可分离码的一个例子。

5.2.3　信息率

对 k 位二进制数据编码，我们需要一个由至少 2^k 个码字组成的码集 C，因为数据中的任何字都应该从 C 中分配自己的码字。反之，使用一个大小为 $|C|$ 的码集能编码数据的长度 $k \leqslant \lceil \log^2 |C| \rceil$ 位。k/n 叫作编码的信息率，信息率决定了编码方式的冗余程度。例如，通过重复数据三次而获得的三重码，其信息率为 $1/3$，每三个数据位中只有一位携带信息，其他两位是冗余的。

5.2.4　解码

解码是从给定码字中提取数据的过程。解码器读取码字，并尝试使用编码规则恢复原始数据。例如，如果没有错误，那么可分离码的解码器仅需知道校验位的个数即可分离码字；如果发生错误，则必须在恢复数据之前进行纠正。

假设错误已经发生，并且解码器接收到不满足编码规则的字，编码理论中的通常假设是：与涉及大量二进制位的错误相比，涉及少数几个二进制位的错误更可能发生[21]。因此，如果码字是唯一的，将从收到的字中寻求最短距离差异的部分并解码成码字，这种技术称为最大似然解码。下文中定义的汉明距离被用来测量两个（相同长度）字对应位不同的数量。

5.2.5 汉明距离

汉明距离表示两个二进制 n 元组 x 和 y 在对应位置上不同二进制位的数目，记作 $H_d(x,y)$。例如，4 元组 $x =$ [0011]，$y =$ [0101] 在两个二进制位上不同，所以 $H_d(x,y)=2$。汉明距离给出了将 x 变为 y 会发生多少二进制位错误的估计。

汉明距离是码空间 $\{0,1\}^n$ 上的一个真实度量。度量是将集合中任意两个对象关联为一个数的函数[5]，它具有如下一些性质：

(1) 自反性：当且仅当 $x=y$ 时，$H_d(x,y)=0$。

(2) 对称性：$H_d(x,y)=H_d(y,x)$。

(3) 三角不等式公理：$H_d(x,y)+H_d(y,z) \geqslant H_d(x,z)$。

汉明距离的度量特性允许我们使用码空间的几何结构来推理编码。例如，考虑如图5.1 所示的立方体所表示的码空间 $\{0,1\}^3$，其码字 $\{000,011,101,110\}$ 用大的实心点标记。容易看出，汉明距离满足上面列出的度量属性，即 $H_d(000,011)+H_d(011,111)=2+1=3=H_d(000,111)$。

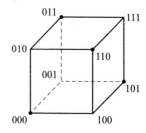

图5.1　在码空间 $\{0,1\}^3$ 中的编码 $\{000,011,101,110\}$

5.2.6 码距

码集 C 中任意两个不同码字的最小汉明距离称为 C 的码距，记作 C_d。码距决定了编码检错和纠错的能力。例如，考虑如图5.1 所示的码集 $\{000,011,101,110\}$，其码距为 2，则任何码字中存在任意单位错误都会产生一个与受影响的码字距离为 1 的字。由于所有码字彼此之间的距离均为 2，因此一旦有单位错误就会被检测出来。

另一个例子，考虑如图 5.2 所示的编码 $\{000,111\}$，假设在码字 [000] 的第一位发生了错误，得到的字 [100] 与码字 [000] 的距离是 1，与码字 [111] 的距离是 2，利用最大似然译码规则，可将 [100] 校正为最接近的码字 [000]。

编码 $\{000,111\}$ 是通过重复数据三次得到的三重码，它可被看作信息领域中三模冗余

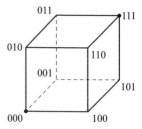

图5.2　在码空间 $\{0,1\}^3$ 中的编码 $\{000,111\}$

（TMR）的实现。在 TMR 中，通过表决器比较决定模块的输出值；在三重码中，通过解码器分析收到字的每一位。这两种情况都使用多数二进制位值来做出正确的结果。

一般来说，如果一种码只用于错误检测，那么为了检测至多 d 个二进制位的所有错误，它应该具有的码距为 $C_d \geq d + 1$[21]。这是因为如果 $C_d \geq d+1$，那么小于 d 个二进制位的任何错误不会将一个码字变为另一个码字。相反，如果 $C_d < d+1$，则在 d 位或更小的汉明距离中存在一对码字，此时若在 d 个（或更少）二进制位处有一个错误，则会将一个码字变为另一个码字。举例说明，码距为 2 的重复码 {00,11} 无法检测双二进制位错误，因为双二进制位错误会将［00］变为［11］，反之亦然。

与之类似，当且仅当一种码的码距 $C_d \geq 2c+1$ 时，其可以纠正至多 c 个二进制位的所有错误[21]。进而可知，具有 c^* 个二进制位错误（$c^* \leq c$）的任意字，不同于 c^* 个二进制位的无错误原始码字，也不同于至少 $2c+1-c^* > c^*$ 个二进制位的任何其他码字。相反，如果 $C_d < 2c+1$，则 c^* 个二进制位错误（$c^* \leq c$）可能导致一个字至少与另一个无错误原始码字相近。例如，码距为 2 的重复码 {00,11} 无法纠正单个二进制位错误，因为任何一个二进制位更改都会成为一个同样接近［00］和［11］的码，比如［00］的第一个二进制位错误导致［00］变为［10］，由于 $H_d(00,01) = H_d(01,11)$，错误不能被纠正。由此可以推断，三重码 {000,111} 可以纠正单个二进制位错误。我们可以使用一个解码器对输入二进制位进行判决，将占多数的二进制位值输出作为解码的数据。

最后，当且仅当码距 $C_d \geq 2c+a+1$ 时，可以实现一种解码器不仅能纠正至多 c 个二进制位的所有错误，还能检测 a 个二进制位的额外错误[21]。例如，码距为 4 的码可以在纠正单个二进制位错误的同时，额外检测 1 个二进制位附加错误。我们将此陈述的证明留给读者作为练习（思考题 5.7）。

5.3 奇偶校验码

奇偶校验码是最古老的码族。在 20 世纪 40 年代后期，它被用于检测基于继电器的计算机在计算中产生的错误。

5.3.1 性质与特征

长度为 n 的偶（奇）校验码由包含偶（奇）数个 1 的所有二进制 n 元组

组成。通常情况下，码字的前 $n-1$ 位承载信息，最后一位是校验位，用于确定码字的奇偶性。长度为 n 的奇偶校验码其信息率为 $(n-1)/n$。

例如，使用偶校验码对数据 ［0011］ 进行编码，则得到的码字是 ［00110］，这是因为数据包含偶数个 1，所以附加的校验位是 0；而使用奇校验码对数据 ［0011］ 进行编码，得到的码字为 ［00111］，这里的校验位为 1 是因为码字具有奇数个 1。

长度为 n 的奇偶校验码包含所有可能的 2^n 个二进制 n 元组的一半，因此它的大小为 2^{n-1}。任意长度奇偶校验码的码距为 2。为了说明它的正确性，让我们考虑用长度为 n 的奇偶校验码对二进制 $n-1$ 元组的数据进行编码。假设至少有两个汉明距离为 1 的 $n-1$ 元组，其中一个有奇数个 1，另一个有偶数个 1。对于偶（奇）校验码，前一个数据字的校验位是 1（0），而后一个数据字的校验位是 0（1），校验位的差异使最终码字的汉明距离为 2。因此，对于任何 $n>1$，长度为 n 的奇偶校验码的码距为 2。

奇偶校验码可以检测单位错误和奇数个多位错误。如果奇数个位受到影响，则码字中的 1 的数目从偶数变为奇数（对于偶校验码）或从奇数变为偶数（对于奇校验码）。例如，考虑 5 位奇校验码的码字 ［00111］，如果错误发生在第 1 位，码字变为 ［10111］，则其含有偶数个 1，就能检测到错误；如果错误发生在前两位，码字变为 ［11111］，由于其仍含有奇数个 1，符合奇校验规则，就无法检出错误。因此，奇偶校验码不能检测出偶数个错的任何多位错误。

奇偶校验码可以检错，但不能纠错，因为奇偶校验码无法定位错误位的位置。假设使用偶校验码来保护 5 位数据的传输，如果收到 ［110100］ 就会知道发生了错误，但不知道对方实际发送的是哪个码字。如果假设在传输期间发生了单个二进制位错误，那么发送端就可能发送 6 个码字（ ［010100］、［100100］、［111100］、［110000］、［110110］、［110101］）中的一个。

例 5.1 为 3 位二进制数据构造奇校验码。

解： 如表 5.1 所示，需要编码的 8 个 3 位字列在左边，对于每个 3 位字 $d=［d_0 d_1 d_2］$，在其后面追加一个奇偶校验位，以便得到的新码字 $c=［c_0 c_1 c_2 c_3］$ 中 1 的个数始终为奇数。由此得到了表 5.1 中右边列出的码字。

表5.1　3 位二进制数据奇校验定义表

数据			码字			
d_0	d_1	d_2	c_0	c_1	c_2	c_3
0	0	0	0	0	0	1
0	0	1	0	0	1	0
0	1	0	0	1	0	0
0	1	1	0	1	1	1
1	0	0	1	0	0	0
1	0	1	1	0	1	1
1	1	0	1	1	0	1
1	1	1	1	1	1	0

5.3.2　应用

奇偶校验码因其简单，广泛应用于遇到错误可重复操作和简单检错有效的场合。例如，许多处理器使用奇偶校验码来保护其数据和指令缓存（包括存储和标签阵列)[12]，由于缓存数据只是主存储器的副本，因此一旦检测到错误，就可以将其擦除并恢复。对于数据存储缓存，通常每字节（8 位）数据计算生成 1 位奇偶校验位；对于指令存储缓存，通常每条指令计算生成 1 位奇偶校验位。

使用奇偶校验码对存储数据进行校验的原理如图 5.3 所示。在将数据写入存储器之前，通过计算奇偶校验对数据进行编码，校验位的生成由奇偶生成器（Parity Generator，PG）采用异或门树实现。图 5.4 所示为 4 位数据 $[d_0 d_1 d_2 d_3]$ 偶校验生成器的逻辑图。

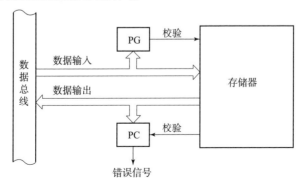

图 5.3　奇偶校验进行存储保护示意

PG：奇偶生成器（Parity Generator）；PC：奇偶校验器（Parity Checker）

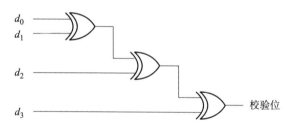

图 5.4　4 位数据 $[d_0 d_1 d_2 d_3]$ 偶校验生成器逻辑图

当数据写入存储器时，校验位与对应的数据位一起被写入。例如，对于具有 32 位宽存储数据通道的系统，数据存储时将 4 个校验位附加到数据上，并将得到的 36 位码字存储在存储器中。另有一些系统（如奔腾处理器），具有 64 位宽的存储数据通道[1]，在这种情况下，8 个校验位被附加到数据上，则产生 72 位码字。

当从存储器读回数据时，系统重新计算校验位，并与之前存储的校验位进行比对。重新计算和比对是由奇偶校验器（Parity Checker，PC）来完成的。图 5.5 描述了 4 位数据 $[d_0 d_1 d_2 d_3]$ 偶校验器的逻辑图，该图与生成器的逻辑图类似，只是增加了一个异或门来比较重新计算的校验位和之前存储的校验位。如果校验位不一致，则异或门输出 1；反之，输出 0。

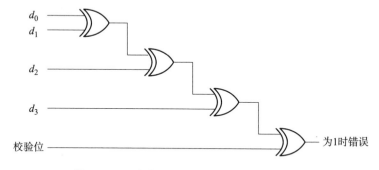

图 5.5　4 位数据 $[d_0 d_1 d_2 d_3]$ 偶校验器逻辑图

任何重新计算的校验位与存储的校验位不一致的情况都说明在对应的数据字节中（或奇偶校验位本身）存在至少 1 位错误。在这种情况下，校验器向中央处理单元（CPU）发送错误信号以指示存储器数据无效并指示系统暂停。

与错误检测（含编码、解码、比较）有关的所有操作都由位于主板上、芯片内、CPU 中，或是在一些系统内部的存储器控制逻辑完成。存储器本身只存储奇偶校验位，就像它存储数据位一样。校验位的生成和比较与使用逻辑写入和读取存储器并行完成，并且这一过程比存储器本身快得多，因此校验不会减缓存储器的操作，同时系统也不会因此变慢。因为系统不会等待校验器的"无错误"信号再执行操作，只有在检测到错误时才会暂停。

例如，假设写入存储器中的数据是 [0110110]，并使用奇校验码，此时校验位为 1 且与数据一起存储，以实现整体的奇校验。假设之后从存储器读出的是 [01111101]，重新计算校验位为 0，由于重新计算的校验位与存储的校验位不一致，从而知道发生了错误，但不知道哪一位被改变了。

奇偶校验码还通常用于检测外部地址和数据总线中的传输错误。通常对于数据总线的每个字节都有一个奇偶校验位，而对于地址总线只有一个奇偶校验位[12]。

5.3.3　水平和垂直奇偶校验码

水平和垂直奇偶校验码是在奇偶校验码的基础上改进而成的，它将数据排列成二维数组，并向每行和每列各添加一个校验位。由于每一行和每一列只在一个二进制位的位置相交，因此这种技术能够纠正数据块中的单个二进制位错误。例如，考虑表 5.2 中的水平和垂直奇偶校验码，校验位以粗体突出显示，任何单个二进制位错误都会导致对应行和列中校验位的值发生变化，通过这些行和列的交叉就可以定位错误发生的位置。

表 5.2　一个 4×4 位水平和垂直奇校验的例子

0	1	0	1	**1**
1	0	1	1	**0**
0	0	1	0	**0**
1	0	0	0	**0**
1	**0**	**1**	**1**	**0**

与奇偶校验码类似，水平和垂直奇偶校验码可以检测奇数个多位错误，并且还能检测 2 位错误。然而，如果错误大于 2 位且为偶数个，则无法检出错误。例如，表 5.2 中第 1 行和第 2 行的第 1 位和第 2 位的 4 位二进制错误就不会被检出。

水平奇偶校验码和垂直奇偶校验码是重叠奇偶校验码的例子，其中每个数据位被多个校验位覆盖。另一个著名的重叠奇偶校验码是汉明码，我们将在下一节介绍线性码理论之后的小节介绍这种编码。

5.4 线性码

线性码为构造包括汉明码在内的许多重要编码提供了一个通用框架。对线性码的讨论需要一些关于有限域和线性代数的知识，下面将简要介绍这些知识，如需更详细的讨论，请参阅参考文献 [17] [28]。

5.4.1 基本概念

1. 有限域 $\mathbb{F}_2$

有限域 $\mathbb{F}_2$ 是集合 $\{0,1\}$ 连同二进制运算加（"$\oplus$"）和乘（"$\cdot$"），当 a，$b,c \in \mathbb{F}_2$ 时，对于所有二进制运算满足以下性质：

（1）$a \cdot b \in \mathbb{F}_2$ 且 $a \oplus b \in \mathbb{F}_2$。

（2）$a \oplus (b \oplus c) = (a \oplus b) \oplus c$。

（3）$a \oplus b = b \oplus a$。

（4）存在元素 $\boldsymbol{0} \in \mathbb{F}_2$ 满足 $a \oplus \boldsymbol{0} = a$。

（5）对于任意的 $a \in \mathbb{F}_2$，存在元素 $-a \in \mathbb{F}_2$ 满足 $a \oplus (-a) = \boldsymbol{0}$。

（6）$a \cdot (b \cdot c) = (a \cdot b) \cdot c$。

（7）$a \cdot b = b \cdot a$。

（8）存在元素 $\boldsymbol{1} \in \mathbb{F}_2$ 满足 $a \cdot 1 = 1 \cdot a = a$。

（9）对于任意的 $a \in \mathbb{F}_2$，当 $a \neq \boldsymbol{0}$ 时，存在元素 $a^{-1} \in \mathbb{F}_2$ 满足 $a \cdot a^{-1} = \boldsymbol{1}$。

（10）$a \cdot (b \oplus c) = a \cdot b \oplus a \cdot c$。

在以下条件下，以上性质是满足的：

- 加法运算"$\oplus$"定义为模 2 加法；
- 乘法运算"$\cdot$"定义为模 2 乘法；
- $\boldsymbol{0} = 0$ 且 $\boldsymbol{1} = 1$。

我们把如上性质的证明留给读者作为练习。在整个章节中，我们均假设 $\mathbb{F}_2$ 这一定义。

注意：模 2 加法等价于异或运算，模 2 乘法等价于且运算。

2. 向量空间 V^n

设 $\mathbb{F}_2^n$ 是包含 $\mathbb{F}_2$ 中所有元素的 n 元组的集合。例如，当 $n = 3$ 时，$\mathbb{F}_2^3 = \{000, 001, 010, 011, 100, 110, 111\}$。

在域 $\mathbb{F}_2$ 上的向量空间 V^n 是 $\mathbb{F}_2^n$ 的一个子集。连同二进制运算"$\oplus$"和

"·"，满足的公理有：V^n 中的元素称为向量；$\mathbb{F}_2$ 中的元素称为标量；"⊕" 运算称为向量加法，设有两个向量 $u,v \in V^n$，在图中将它们首尾相连得出的第 3 个向量就是 $u \oplus v$ 的向量和；"·" 运算称为标量乘法，设有一个标量 $a \in \mathbb{F}_2$ 和一个向量 $v \in V^n$，通过 a 缩放 v（通过常数因子 a 来拉伸或收缩向量），即得到向量 $a \cdot v$。

对于任意的向量 $u,v,w \in V^n$，任意的标量 $a,b,c \in \mathbb{F}_2$，在向量空间中集合 V^n 及其加法和乘法运算应满足以下一些公理：

（1）$v \oplus u \in V^n$。

（2）$v \oplus u = u \oplus v$。

（3）$v \oplus (u \oplus w) = (v \oplus u) \oplus w$。

（4）存在元素 $0 \in V^n$，使 $v \oplus 0 = v$。

（5）对于任意的 $v \in V^n$，存在 $-v \in V^n$，使 $v \oplus (-v) = 0$。

（6）$a \cdot v \in V^n$。

（7）存在元素 $1 \in \mathbb{F}_2$，使 $1 \cdot v = v$。

（8）$a \cdot (v \oplus u) = (a \cdot v) \oplus (a \cdot u)$。

（9）$(a \oplus b) \cdot v = a \cdot v \oplus b \cdot v$。

（10）$(a \cdot b) \cdot v = a \cdot (b \cdot v)$。

在以下条件下，以上公理是满足的：

• 向量加法 "⊕" 定义为模 2 逐元素加法；

• 标量乘法 "·" 定义为模 2 逐元素乘法；

• 0 是 0 的向量；

• 1 是 1 的向量。

"逐元素加法" 是指，对于两个 n 位向量 v 和 u，当 $i \in \{0,1,\cdots,n-1\}$ 时，将 v 中的第 i 个元素和 u 中的第 i 个元素相加。例如，若 $v = [0110]$，$u = [0011]$，那么 $v \oplus u = [0101]$。与之相似，"逐元素乘法" 是指，若将 n 位向量 v 乘以标量 a，当 $i \in \{0,1,\cdots,n-1\}$ 时，将 v 中的第 i 个元素都乘以 a。由于在 $\mathbb{F}_2$ 中，对于任意向量 v 只有标量 0 和 1，所以只有两个可能的缩放结果：$1 \cdot v = v$ 和 $0 \cdot v = 0$（注意：左侧的 0 是标量，右侧的 0 是向量）。

说明：在本章，我们假设了以上 V^n 的定义。

3. 子空间

子空间是向量空间的子集，子空间本身也是向量空间。

4. 张成空间

如果任意 $v \in V^n$，$v = a_0 v_0 \oplus a_1 v_1 \oplus \cdots \oplus a_{k-1} v_{k-1}$ 成立，向量集 $\{v_0, v_1, \cdots,$

$v_{k-1}\}$ 就叫作向量空间 V^n 的张成空间，此处 $a_0, a_1, \cdots, a_{k-1} \in \mathbb{F}_2$。例如，向量集 $\{1000, 0100, 0010, 0001\}$ 是向量空间 V^4 的张成空间，因为 V^4 中的任何其他向量都可以通过这些向量的线性组合而获得。

5. 线性无关性

若 $a_0 v_0 \oplus a_1 v_1 \oplus \cdots \oplus a_{k-1} v_{k-1} = 0$ 仅在 $a_0 = a_1 = \cdots = a_{k-1} = 0$ 时成立，则称 $v_0, v_1, \cdots, v_{k-1} \in V^n$ 线性无关。换言之，集合中的向量都不能写成集合中有限多个其他向量的线性组合。

对于元素较少的集合，检测其线性无关性非常容易。值得考虑的是 $k=1$，$2, 3$ 的情况，本节将主要使用这些情况来构造线性码。

对于 $k=1$，当且仅当它不是零向量时，单个向量是线性无关的。

对于 $k=2$，当且仅当两个向量是线性无关的条件为：它们都不是零向量；它们彼此不相等。

对于 $k=3$，当且仅当三个向量是线性无关的条件为：它们都不是零向量；没有向量重复两次；没有任意两个向量相加等于第 3 个向量。

6. 基底

一组向量集合是向量空间 V^n 的基底的条件为：它们是线性无关的，且为 V^n 的张成空间。例如，向量集 $\{100, 010, 001\}$ 是向量空间 V^3 的基底，因为它们是线性无关的，且 V^3 中的任何其他向量都可以由这些向量的线性组合而获得。

7. 维数

向量空间的维数是指其一组基底中向量的个数。例如，向量空间 V^3 的维数是 3。

5.4.2 定义

域 $\mathbb{F}_2$ 上的 (n, k) 线性码是 V^n 的 k 维子空间。换句话说，(n, k) 线性码是 V^n 的子空间，它由 k 个线性无关向量张成。(n, k) 线性码的所有码字可以写成基向量 $\{v_0, v_1, \cdots, v_{k-1}\}$ 的线性组合，如式（5.1）所示。

$$c = d_0 v_0 \oplus d_1 v_1 \oplus \cdots \oplus d_{k-1} v_{k-1} \tag{5.1}$$

由于对系数 $d_0, d_1, \cdots, d_{k-1}$ 的每个不同组合都获得了不同的码字，因此式（5.1）给出了对 k 位数据 $d = [d_0 d_1 \cdots d_{k-1}]$ 编码为 n 位码字 $c = [c_0 c_1 \cdots c_{n-1}]$ 的系统方法。(n, k) 线性码的信息率是 k/n。

例 5.2　构造 (4,2) 线性码。

解： 由于 $k=2$，我们需要编码的 2 位字为 $\{00,01,10,11\}$，对它们进行编码得到的 4 位码字就形成了 V^4 的二维子空间。为了实现这一点，需要选择两个线性无关的向量作为二维子空间的基底。一种可行的选择是 $v_0 = [1000]$ 和 $v_1 = [0110]$，由于它们都不是零向量且彼此不相等，所以它们是线性无关的。

将数据 $d = [d_0 d_1]$ 编码成码字 $c = [c_0 c_1 c_2 c_3]$，需计算基向量 v_0 和 v_1 的线性组合 $c = d_0 v_0 \oplus d_1 v_1$。计算结果为

$$d = [00]: c = 0 \cdot [1000] \oplus 0 \cdot [0110] = [0000]$$
$$d = [01]: c = 0 \cdot [1000] \oplus 1 \cdot [0110] = [0110]$$
$$d = [10]: c = 1 \cdot [1000] \oplus 0 \cdot [0110] = [1000]$$
$$d = [11]: c = 1 \cdot [1000] \oplus 1 \cdot [0110] = [1110]$$

回忆一下，由于是模 2 加法，所以 $1 \oplus 1 = 0$。

5.4.3　生成矩阵

我们可以将式（5.1）通过引入生成矩阵 G 来表示，生成矩阵的行分别由基向量 v_0 到 v_{k-1} 组成，即

$$G = \begin{bmatrix} v_0 \\ v_1 \\ \vdots \\ v_{k-1} \end{bmatrix}$$

例如，由例 5.2 中基向量 v_0 和 v_1 组成的生成矩阵为

$$G = \begin{bmatrix} 1 & 0 & 0 & 0 \\ 0 & 1 & 1 & 0 \end{bmatrix} \tag{5.2}$$

现在我们可以通过将数据向量 d 和生成矩阵 G 相乘来计算码字 c：

$$c = dG$$

需要注意的是，在例 5.2 中每个码字的前两位与数据位完全相同，即构造的编码是可分离的。可分离性是理想的特性，纠错后数据可以通过截断码字的最后 $n-k$ 位从而容易恢复。我们可以通过选择基向量来构造可分离的线性码，从而产生 $[I_k A]$ 形式的生成矩阵，其中 I_k 是 $k \times k$ 阶单位矩阵。

还需要注意的是，例 5.2 的码距为 1，这样的码是没有意义的，因为它不能检测任何错误。码距和基向量的特性有关。考虑例 5.2 中的向量 $v_0 =$

[1000]，它是基向量，也是码字。任意码都是 V^m 的子空间，因此码本身就是一个向量空间。向量空间在加法运算下是封闭的（公理1），因此对于任何码字 c，$c \oplus 1000$ 仍然属于这一编码。由于 c 和 $c \oplus 1000$ 之间的汉明距离是1，所以该码的码距也是1。因此，如果想要构造一个具有码距为 C_d 的编码，就需要选择1的数量大于或等于 C_d 的基向量。

例5.3 列出使用基向量 $v_0 = [100011]$，$v_1 = [010110]$ 和 $v_2 = [001101]$ 构造的（6,3）线性码的所有码字。

解： 此线性码的生成矩阵为

$$G = \begin{bmatrix} 1 & 0 & 0 & 0 & 1 & 1 \\ 0 & 1 & 0 & 1 & 1 & 0 \\ 0 & 0 & 1 & 1 & 0 & 1 \end{bmatrix} \tag{5.3}$$

注意：G 是 $[I_3 A]$ 的形式，其中 I_3 是 3×3 阶的单位矩阵，因此所得的码是可分离的。

将3位数据 $d = [d_0 d_1 d_2]$ 编码成为码字 $c = [c_0 c_1 c_2 c_3 c_4 c_5]$，需使用 d 与 G 相乘。例如，将数据 $d = [011]$ 编码成码字：

$$c = 0 \cdot [100011] \oplus 1 \cdot [010110] \oplus 1 \cdot [001101] = [011011]$$

同样，我们可以编码所有其他3位数据，所得码定义表如表5.3所示。

表5.3 （6,3）线性码定义表

数据			码字					
d_0	d_1	d_2	c_0	c_1	c_2	c_3	c_4	c_5
0	0	0	0	0	0	0	0	0
0	0	1	0	0	1	1	0	1
0	1	0	0	1	0	1	1	0
0	1	1	0	1	1	0	1	1
1	0	0	1	0	0	0	1	1
1	0	1	1	0	1	1	1	0
1	1	0	1	1	0	1	0	1
1	1	1	1	1	1	0	0	0

线性码为构造许多其他码提供了一般框架。例如，使用生成矩阵，可以构造三重码和奇偶校验码。单个二进制位数据的三重码具有以下生成矩阵：

$$G = \begin{bmatrix} 1 & 1 & 1 \end{bmatrix}$$

4 位数据的偶校验码具有以下生成矩阵：

$$G = \begin{bmatrix} 1 & 0 & 0 & 0 & 1 \\ 0 & 1 & 0 & 0 & 1 \\ 0 & 0 & 1 & 0 & 1 \\ 0 & 0 & 0 & 1 & 1 \end{bmatrix}$$

正如我们所看到的，这两个码都是线性码。

5.4.4　一致校验矩阵

为了检测 (n, k) 线性码中的错误，我们使用一个称为一致校验矩阵的 $(n-k) \times n$ 阶矩阵 H。对于任意码字 c，该矩阵具有如下性质：

$$H \cdot c^{\mathrm{T}} = 0$$

式中，c^{T} 表示 c 的转置。回忆一下，$n \times k$ 阶矩阵 A 的转置是通过将 A^{T} 的第 i 列转换为 A 的第 i 行从而获得的 $k \times n$ 阶矩阵。

一致校验矩阵和生成矩阵之间具有如下关系：

$$HG^{\mathrm{T}} = 0$$

这一关系说明，如果使用生成矩阵 G 将数据 d 编码为码字 dG，则一致校验矩阵和编码数据的乘积应该是零。证明如下：

$$H(dG)^{\mathrm{T}} = H(G^{\mathrm{T}}d^{\mathrm{T}}) = (HG^{\mathrm{T}})d^{\mathrm{T}} = 0d^{\mathrm{T}} = 0$$

如果一个生成矩阵是 $G = [I_k A]$ 的形式，那么一致校验矩阵为

$$H = [A^{\mathrm{T}} I_{n-k}]$$

这可以通过如下方式证明：

$$HG^{\mathrm{T}} = A^{\mathrm{T}}I_k \oplus I_{n-k}A^{\mathrm{T}} = A^{\mathrm{T}} \oplus A^{\mathrm{T}} = 0$$

例 5.4　构造式（5.3）给出的生成矩阵 G 的一致校验矩阵 H。

解： 由于生成矩阵 G 是 $[I_3 A]$ 形式，那么

$$A = \begin{bmatrix} 0 & 1 & 1 \\ 1 & 1 & 0 \\ 1 & 0 & 1 \end{bmatrix}$$

我们得到以下一致校验矩阵：

$$H = [A^{\mathrm{T}} I_3] = \begin{bmatrix} 0 & 1 & 1 & 1 & 0 & 0 \\ 1 & 1 & 0 & 0 & 1 & 0 \\ 1 & 0 & 1 & 0 & 0 & 1 \end{bmatrix} \tag{5.4}$$

5.4.5　伴随式

从上一节的讨论中可以得出结论，编码的数据可以通过乘以一致校验矩

阵来检错：

$$s = Hc^{\mathrm{T}} \tag{5.5}$$

式中得到的向量 s 称为伴随式。如果伴随式是 0，则表示没有错误发生；如果 s 与 H 中的某一列相同，则说明发生了单个二进制位错误，发生错误位的位置对应于与 s 匹配的列在 H 中的位置，因此伴随式可以定位和纠错。例如，如果伴随式与 H 的第 2 列一致，则说明错误发生于码字的第 2 位中。如果伴随式不为 0 且不等于 H 的任何列，则说明发生了多位错误，多位错误的位置无法定位，因此错误无法纠正。

举例说明，考虑使用例 5.3 中的 $(6,3)$ 线性码对数据 $d = [110]$ 进行编码，得到 $c = dG = [110101]$。假设 c 的第 2 位发生错误，将其转换为 $[100101]$，若将这一错误的字乘以式（5.4）的一致校验矩阵，得到伴随式 $s = [1\ \ 1\ \ 0]$，该伴随式与一致校验矩阵 H 的第 2 列匹配，表明在第 2 位发生了错误。

5.4.6　线性码的构造

假设我们需为 k 位二进制数据构造码距为 C_d 的线性码，我们已知可以通过选择满足以下性质的一致校验矩阵，以确保具有给定的码距[21]。

【性质 5.1】　设 H 是一个 (n,k) 线性码的一致校验矩阵，若该码具有码距 $C_\mathrm{d} \geqslant \Delta$ 当且仅当其一致校验矩阵 H 的 $\Delta - 1$ 列的每个子集是线性无关的。

例如，为了构造码距至少为 3 的线性码，我们选择的一致校验矩阵需满足每两列都是线性无关的，即没有零列及重复列。

为了获得最大的信息率，我们应该选择满足性质 5.1 的最小码长 n。然而，对于给定的 k 和 C_d，没有一个计算最小 n 的公式，只有如下的界限——称为辛格尔顿界（Singleton bound）[21]——是可用的：

$$n \geqslant C_\mathrm{d} + k - 1 \tag{5.6}$$

式（5.6）是性质 5.1 成立的必要条件，即如果 $n < C_\mathrm{d} + k - 1$，性质 5.1 就不成立。然而，式（5.6）并不是性质 5.1 成立的充分条件，对于一些 n 满足 $n \geqslant C_\mathrm{d} + k - 1$ 的情况，性质 5.1 也可能不成立。例如，如果为 3 位二进制数据构造一个 $C_\mathrm{d} = 3$ 的线性码，根据式（5.6）可计算出 $n \geqslant 6$。然而，正如我们将在例 5.6 中看到的，不可能构造满足性质 5.1 的 $(6,3)$ 线性码，至少需要 $n = 7$。

我们为例 5.2 构建的码，其一致校验矩阵的第一列为 0，即

$$H = \begin{bmatrix} 0 & 1 & 1 & 0 \\ 0 & 0 & 0 & 1 \end{bmatrix}$$

因此，H 的列是线性相关的，其码距为 1。

让我们通过修改 H 来构造一个码距至少为 2 的新码。我们需将零列替换为其他列。如果将第一列全部改为 1，则可得到了下面的一致校验矩阵：

$$H = \begin{bmatrix} 1 & 1 & 1 & 0 \\ 1 & 0 & 0 & 1 \end{bmatrix} = \begin{bmatrix} A^T I_2 \end{bmatrix}$$

所以，此时 A 为

$$A = \begin{bmatrix} 1 & 1 \\ 1 & 0 \end{bmatrix}$$

因此，生成矩阵 G 为

$$G = \begin{bmatrix} I_2 A^T \end{bmatrix} = \begin{bmatrix} 1 & 0 & 1 & 1 \\ 0 & 1 & 1 & 0 \end{bmatrix}$$

使用这一生成矩阵，可以通过 d 与 G 相乘将数据使用 (4,2) 线性码进行编码，得到的结果如表 5.4 所示。

表 5.4 (4,2) 线性码定义表

数据		码字			
d_0	d_1	c_0	c_1	c_2	c_3
0	0	0	0	0	0
0	1	0	1	1	0
1	0	1	0	1	1
1	1	1	1	0	1

通过检查码字，读者可以验证所得 (4,2) 码的码距确实是 2。

例 5.5 为单个二进制位数据构造线性码，使其码距至少为 3。

解： 首先创建一个 $\begin{bmatrix} A^T I_{n-k} \end{bmatrix}$ 形式的一致校验矩阵，其中每两列都是线性无关的，以保证每列非零且互不重复。由式 (5.6) 可知，满足这两个条件的最小码长 n 需满足 $n \geqslant 3$。事实上，$n = 2$ 是不合适的，因为此时 H 为 1×2 阶，所以只有以下两个选择：

$$H = \begin{bmatrix} 0 & 1 \end{bmatrix} \text{ 或 } H = \begin{bmatrix} 1 & 1 \end{bmatrix}$$

在这两种情况下，H 的两列都是线性相关的。

当 $n = 3$ 时，可构造以下矩阵 H：

$$H = \begin{bmatrix} 1 & 1 & 0 \\ 1 & 0 & 1 \end{bmatrix}$$

我们可以看到它的每两列间都是线性无关的。

在这种情况下，矩阵 A^T 为

$$A^T = \begin{bmatrix} 1 \\ 1 \end{bmatrix}$$

所以 $A = \begin{bmatrix} 1 & 1 \end{bmatrix}$。因此，$G$ 为

$$G = \begin{bmatrix} 1 & 1 & 1 \end{bmatrix}$$

最终得到的 $(3,1)$ 码是三重码 $\{000,111\}$。

例 5.6 为 3 位二进制数据构造线性码，使其码距至少为 4。

解： 首先创建一个 $\begin{bmatrix} A^T I_{n-k} \end{bmatrix}$ 形式的一致校验矩阵，其中每 3 列是线性无关的，以保证每列非零且不重复，并且没有任意两列相加等于第 3 列。由式（5.6）可知，满足这三个条件的最小码长 n 满足 $n \geq 6$。然而，$n = 6$ 不是满足第 3 个条件的充要条件，对于长度为 3 的 7 个非零列中任选 6 个组成子集，总有两列相加与子集中的第 3 列相同。

下面尝试 $n = 7$，即 H 为 4×7 阶矩阵，H 的最后四列形成单位矩阵 I_4。我们需要从剩下的 11 个长度为 4 的非零列中选择三列作为矩阵 A^T。我们可以使用如下性质：

对于任意的 $v, u \in V^n$，如果 v 和 u 都包含奇数个 1 且 $v \neq u$，则向量 $v \oplus u$ 包含偶数个 1，且大于 0。

我们将此性质的证明推导留给读者作为练习（思考题 5.19）。

根据这一性质，如果选择具有 3 个 1 的列来组成 A^T，那么 H 的任意两列的和将包含两个 1。例如，可以选择如下 A^T：

$$A^T = \begin{bmatrix} 1 & 1 & 1 \\ 1 & 1 & 0 \\ 1 & 0 & 1 \\ 0 & 1 & 1 \end{bmatrix}$$

则一致校验矩阵为

$$H = \begin{bmatrix} 1 & 1 & 1 & 1 & 0 & 0 & 0 \\ 1 & 1 & 0 & 0 & 1 & 0 & 0 \\ 1 & 0 & 1 & 0 & 0 & 1 & 0 \\ 0 & 1 & 1 & 0 & 0 & 0 & 1 \end{bmatrix}$$

最终的生成矩阵为

$$G = \begin{bmatrix} 1 & 0 & 0 & 1 & 1 & 1 & 0 \\ 0 & 1 & 0 & 1 & 1 & 0 & 1 \\ 0 & 0 & 1 & 1 & 0 & 1 & 1 \end{bmatrix}$$

我们构造的 $(7,3)$ 线性码如表 5.5 所示。

表 5.5 例 5.6 的 $(7,3)$ 线性码定义表

数据			码字						
d_0	d_1	d_2	c_0	c_1	c_2	c_3	c_4	c_5	c_6
0	0	0	0	0	0	0	0	0	0
0	0	1	0	0	1	1	0	1	1
0	1	0	0	1	0	1	1	0	1
0	1	1	0	1	1	0	1	1	0
1	0	0	1	0	0	1	1	1	0
1	0	1	1	0	1	0	1	0	1
1	1	0	1	1	0	0	0	1	1
1	1	1	1	1	1	1	0	0	0

5.4.7 汉明码

汉明码是一类重要的线性码码族，以 Richard Hamming 命名。他在 20 世纪 50 年代早期设计了 1 位纠错汉明码及 1 位纠错、2 位检错的汉明码扩展版本[10]。即使在今天，汉明码仍十分重要。若一致校验矩阵包含 $2^{n-k}-1$ 列用于表示所有长度为 $n-k$ 的非零二进制向量，则 (n,k) 线性码为汉明码。

下面是 $(7,4)$ 汉明码的一致校验矩阵的一个例子：

$$\boldsymbol{H} = \begin{bmatrix} 1 & 1 & 0 & 1 & 1 & 0 & 0 \\ 1 & 0 & 1 & 1 & 0 & 1 & 0 \\ 1 & 1 & 1 & 0 & 0 & 0 & 1 \end{bmatrix} \tag{5.7}$$

由于汉明码的一致校验矩阵不包含零列，并且没有重复的列，所以每两列都是线性独立的。根据性质 5.1，汉明码的码距为 3。因此，汉明码可以纠正单个二进制位错误。(n,k) 汉明码的信息率为 $k/(2^{n-k}-1)$。

由于汉明码的一致校验矩阵有 $2^{n-k}-1$ 列，且一致校验矩阵的维数为 $(n-k)\times n$，因此汉明码的数据长度 k 和码长 n 的关系如下：

$$n = 2^{n-k}-1 \tag{5.8}$$

汉明码仅存在于满足式 (5.8) 的 (n,k) 对中，对于任意的 $r>2$，式 (5.8) 有解 $k=2^r-r-1$ 及 $n=2^r-1$。表 5.6 举例说明了汉明码数据长度和码长的关系，同时列举了对应的信息率。当码距为 3 且码长为 2^r-1 时，汉明码的信息率是最高的。

表 5.6 汉明码数据长度和码长的关系

数据长度	码长	信息率
1	3	0.333
4	7	0.571
11	15	0.733
26	31	0.839
57	63	0.905
120	127	0.945
247	255	0.969

例 5.7 构造对应于式（5.7）一致校验矩阵的生成矩阵。

解：由于式（5.7）是 $\begin{bmatrix} A^T I_3 \end{bmatrix}$ 形式，因此

$$A^T = \begin{bmatrix} 1 & 1 & 0 & 1 \\ 1 & 0 & 1 & 1 \\ 1 & 1 & 1 & 0 \end{bmatrix}$$

其生成矩阵也是标准形式 $G = \begin{bmatrix} I_4 A \end{bmatrix}$，即

$$G = \begin{bmatrix} 1 & 0 & 0 & 0 & 1 & 1 & 1 \\ 0 & 1 & 0 & 0 & 1 & 0 & 1 \\ 0 & 0 & 1 & 0 & 0 & 1 & 1 \\ 0 & 0 & 0 & 1 & 1 & 1 & 0 \end{bmatrix}$$

假设要编码的数据是 $d = [1110]$，我们将 d 与 G 相乘，获得码字 $c = [1110001]$。假设在 c 的最后 1 位发生错误，将其转换为 $[1110000]$，解码之前，通过将其与式（5.7）的一致校验矩阵相乘来检查是否有错误，得到的伴随式 $s = [0 \quad 0 \quad 1]$ 与 H 的最后一列匹配，表明错误发生在 c 的最后一位。因此，我们将 $[1110000]$ 纠正为 $[1110001]$，然后通过截断最后 3 位来对其进行解码，即得数据 $d = [1110]$。

5.4.8 字典序一致校验矩阵

通过交换 H 的列，得到的结果仍然是汉明码。例如，对式（5.7）的列进行重新排列，可得到如下一致校验矩阵：

$$H = \begin{bmatrix} 0 & 0 & 0 & 0 & 1 & 1 & 1 \\ 0 & 1 & 1 & 0 & 0 & 1 & 1 \\ 1 & 0 & 1 & 0 & 1 & 0 & 1 \end{bmatrix} \quad (5.9)$$

这个矩阵表示一个不同的 (7,4) 汉明码。注意,对于 $i \in \{1, 2, \cdots, 2^{n-k} - 1\}$,矩阵的每一列对应于一个整数 i 的二进制表示,满足此性质的一致校验矩阵称为字典序一致校验矩阵。对应于式 (5.9) 的汉明码没有基于标准形式 $G = [I_3 A]$ 的生成矩阵。

对于具有字典序一致校验矩阵的汉明码,存在非常简单的纠错过程。为了检查码字 c 的错误,首先计算其伴随式 $s = Hc^T$,如果 s 的值为 0,则没有错误发生;如果 s 非 0,假设在 c 对应于伴随式向量 $s = \begin{bmatrix} s_0 & s_1 & \cdots & s_{n-k-1} \end{bmatrix}$ 的十进制表示的第 i 位发生了单个二进制位错误:

$$i = \sum_0^{n-k-1} 2^i \times s_i$$

我们通过对 c 的第 i 位求反来纠正错误。

正如我们所看到的,这一纠错过程比 5.4.5 节的方法简单,因为不需要搜索 H 中与 s 匹配的列。

与式 (5.9) 的字典序一致校验矩阵相对应的生成矩阵由文献 [14] 给出:

$$G = \begin{bmatrix} 0 & 1 & 0 & 1 & 0 & 1 & 0 \\ 1 & 0 & 0 & 1 & 1 & 0 & 0 \\ 1 & 1 & 1 & 0 & 0 & 0 & 0 \\ 1 & 1 & 0 & 1 & 0 & 0 & 1 \end{bmatrix} \tag{5.10}$$

读者可以验证 $HG^T = 0$。由于 H 不是 $H = [A^T I_3]$ 的形式,因此上述生成矩阵 G 不能通过标准过程由 H 得出。

通过将数据 $d = \begin{bmatrix} d_0 d_1 d_2 d_3 \end{bmatrix}$ 与 G 相乘,可以得到码字:

$$c = \begin{bmatrix} c_0 c_1 c_3 c_4 c_5 c_6 c_7 \end{bmatrix} = \begin{bmatrix} p_2 p_1 d_2 p_0 d_1 d_0 d_3 \end{bmatrix}$$

式中,p_0、p_1、p_2 是校验位,由 $p_0 = d_0 \oplus d_2 \oplus d_3$、$p_1 = d_0 \oplus d_2 \oplus d_3$ 和 $p_2 = d_1 \oplus d_2 \oplus d_3$ 得出。可以看到,每个数据位都受几个奇偶校验的保护。因此,汉明码是重叠奇偶校验码的一种类型。

5.4.9 汉明码的应用

汉明码广泛应用于 DRAM 中的错误校正。如前所述,DRAM 容易受到来自器件封装的 α 粒子、本底辐射等造成的随机位翻转影响。一个典型的故障率是每 GB 的 DRAM 每天有一个二进制位翻转[30]。

由汉明码保护的存储器与图 5.3 所示中的存储器类似,只为每个数据字生成一个以上的奇偶校验位,编码时,针对完整的数据字进行,而不是针对单独的字节。校验位由奇偶校验生成器计算,奇偶校验生成器根据码的生成矩阵进行设计。例如，对于具有式（5.10）生成矩阵的(7,4)汉明码，三个实现奇偶校验生成器的等式为 $p_0 = d_0 \oplus d_2 \oplus d_3$、$p_1 = d_0 \oplus d_2 \oplus d_3$ 和 $p_2 = d_1 \oplus d_2 \oplus d_3$。奇偶校验生成器通常用异或门树实现。

当读回码字时，校验位会重新计算，并通过读取和重新计算的校验位取异或来生成伴随式。如果伴随式为 0，则没有错误发生；如果伴随式不为 0，则通过比较伴随式和奇偶校验矩阵 $\boldsymbol{H}$ 的列来定位错误位，匹配到 $\boldsymbol{H}$ 中列的位置对应于错误位的位置。匹配可以在硬件中实现，也可以在软件中实现，并通过对错误位进行按位取反来校正错误。

如果使用具有字典序一致校验矩阵的 (n,k) 汉明码，则可以使用解码器和 $2n-k-1$ 异或门[14]在硬件中容易地实现纠错。例如，图 5.6 所示是由式（5.10）的生成矩阵对应的(7,4)汉明码的纠错电路，对于 $i \in \{0,1,2\}$，第一级中的异或门将读取的检查位 p_i 与重新计算得到的检查位 p_i^* 进行比较，结果为伴随式 $\boldsymbol{s} = \begin{bmatrix} s_0 & s_1 & s_2 \end{bmatrix}$，它被送到 3−7 解码器中。对于伴随式 s_i，$i \in \{0, 1, \cdots, 7\}$，译码器的第 i 个输出为高，第二级中的异或门对码字的第 i 位按位取反，从而校正错误。

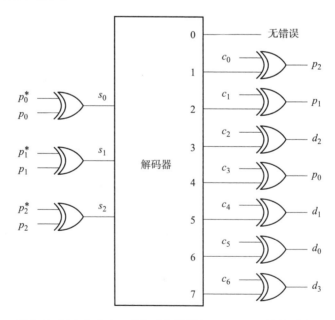

图 5.6　具有字典序一致校验矩阵的(7,4)汉明码的纠错电路

在一些应用中使用的扩展汉明码不仅可实现单位纠错，而且可实现双位检错，我们在下节中进行描述。

5.4.10　扩展汉明码

汉明码的码距为 3，如果为汉明码的每个码字添加一个奇偶校验位，则其码距增加为 4，这样的编码称为扩展汉明码。扩展汉明码可以实现一位纠错和两位检错。

构建扩展 (n,k) 汉明码的一致校验矩阵，首先在 (n,k) 汉明码的一致校验矩阵前添加零列，然后在这一矩阵的 $n-k+1$ 行增加由全 1 组成的行来形成。例如，扩展 $(1,1)$ 汉明码的一致校验矩阵 $\boldsymbol{H}$ 可构建为

$$\boldsymbol{H} = \begin{bmatrix} 0 & 1 \\ 1 & 1 \end{bmatrix}$$

扩展 $(3,2)$ 汉明码的一致校验矩阵 $\boldsymbol{H}$ 可构建为

$$\boldsymbol{H} = \begin{bmatrix} 0 & 0 & 1 & 1 \\ 0 & 1 & 0 & 1 \\ 1 & 1 & 1 & 1 \end{bmatrix}$$

扩展 $(7,4)$ 汉明码的一致校验矩阵可构建为

$$\boldsymbol{H} = \begin{bmatrix} 0 & 0 & 0 & 0 & 1 & 1 & 1 & 1 \\ 0 & 0 & 1 & 1 & 0 & 0 & 1 & 1 \\ 0 & 1 & 0 & 1 & 0 & 1 & 0 & 1 \\ 1 & 1 & 1 & 1 & 1 & 1 & 1 & 1 \end{bmatrix}$$

若 $\boldsymbol{c} = [c_1\ c_2 \cdots c_n]$ 是 (n,k) 汉明码的一个码字，则 $\boldsymbol{c}^* = [c_0 c_1 c_2 \cdots c_n]$ 是对应扩展汉明码的码字，此处，$c_0 = \sum_{i=1}^{n} c_i$，是奇偶校验位。

5.5　循环码

循环码是一类特殊的线性码。它们的循环性质和编码结构使其能够使用线性反馈移位寄存器（LFSR）容易地进行编码和解码。

循环码通常在以突发差错为主的应用中使用。突发差错是指成串出现、影响一组邻位的错误。这种错误在数据传输和诸如磁盘、磁带之类的存储设备中都很常见，光盘上的划痕就是突发差错的一个例子。

5.5.1　定义

若线性码 $\boldsymbol{C}$ 中有任意 $[c_0 c_1 c_2 \cdots c_{n-2} c_{n-1}] \in \boldsymbol{C}$ 且 $[c_{n-1} c_0 c_1 \cdots c_{n-2}] \in \boldsymbol{C}$，则

称 C 为循环码。换句话说，循环码码字的任何头尾循环移位都会产生另一个码字。将循环码的码字看作多项式比看作向量更方便。例如，码字 $c = [c_0 c_1 c_2 \cdots c_{n-1}]$ 对应多项式为

$$c(x) = c_0 \oplus c_1 \cdot x \oplus c_2 \cdot x^2 \oplus \cdots \oplus c_{n-1} \cdot x^{n-1}$$

式中，$c_i \in \{0,1\}$，为常数；"$\oplus$" 和 "$\cdot$" 均在域 $\mathbb{F}_2$ 中，为模 2 运算；$x^0 = 1$。

与之相似，数据 $d = [d_0 d_1 d_2 \cdots d_{k-1}]$ 对应的多项式为

$$d(x) = d_0 \oplus d_1 \cdot x \oplus d_2 \cdot x^2 \oplus \cdots \oplus d_{k-1} \cdot x^{k-1}$$

多项式的度等于它的最高指数。例如，多项式 $1 \oplus x^2 \oplus x^3$ 的度为 3。

在继续讨论循环码之前，本节回顾了理解编码和解码算法所必需的多项式计算的基础。

5.5.2　多项式运算

在这一节中，我们考虑多项式乘法和除法的例子。本节的所有计算都是在 $\mathbb{F}_2$ 域（模 2）中进行的。

例 5.8　计算 $(1 \oplus x \oplus x^3) \cdot (1 \oplus x^2)$。

解：$(1 \oplus x \oplus x^3) \cdot (1 \oplus x^2) = 1 \oplus x \oplus x^3 \oplus x^2 \oplus x^3 \oplus x^5 = 1 \oplus x \oplus x^2 \oplus x^5$。

注意：由于是模 2 运算，所以 $x^3 \oplus x^3 = 0$。

例 5.9　计算 $(1 \oplus x^3 \oplus x^5 \oplus x^6)/(1 \oplus x \oplus x^3)$。

解：

$$
\begin{array}{r}
x^3 \oplus x^2 \oplus x \oplus 1 \\
x^3 \oplus x \oplus 1 \,\overline{)\, x^6 \oplus x^5 \oplus x^3 \oplus 1} \\
\underline{x^6 \oplus x^4 \oplus x^3} \\
x^5 \oplus x^4 \oplus 1 \\
\underline{x^5 \oplus x^3 \oplus x^2} \\
x^4 \oplus x^3 \oplus x^2 \oplus 1 \\
\underline{x^4 \oplus x^2 \oplus x} \\
x^3 \oplus x \oplus 1 \\
\underline{x^3 \oplus x \oplus 1} \\
0
\end{array}
$$

因此，$1 \oplus x^3 \oplus x^5 \oplus x^6$ 除以 $1 \oplus x \oplus x^3$ 没有余数，结果为 $1 \oplus x \oplus x^2 \oplus x^3$。

对于解码算法，我们还需要对多项式 $p(x)$ 进行除法取模（mod）运算。为了求 $f(x)$ 的模 $p(x)$，我们使用多项式 $f(x)$ 除以 $p(x)$，并取余数作为结

果。若 $f(x)$ 的度小于 $p(x)$ 的度，则 $f(x) \bmod p(x) = f(x)$。

例 5.10 计算 $(1 \oplus x^2 \oplus x^5) \bmod (1 \oplus x \oplus x^3)$。

解：

$$
\begin{array}{r}
x^1 \oplus 1 \\
x^3 \oplus x \oplus 1 \, \big) \overline{\, x^5 \oplus x^2 \oplus 1} \\
x^5 \oplus x^3 \oplus x^2 \\
\hline
x^3 \oplus 1 \\
x^3 \oplus x \oplus 1 \\
\hline
x
\end{array}
$$

因此，$(1 \oplus x^2 \oplus x^5) \bmod (1 \oplus x \oplus x^3) = x$。

5.5.3 生成多项式

为了使用循环码编码数据，被编码数据的多项式表示将被乘以一个新的多项式，这个新的多项式即生成多项式。例如，假设使用生成多项式 $g(x) = 1 \oplus x \oplus x^3$ 对数据 $\boldsymbol{d} = [d_0 d_1 d_2 d_3] = [1001]$ 进行编码，其中表示数据的多项式是 $d(x) = 1 \oplus x^3$。将 $g(x)$ 与 $d(x)$ 相乘，得到多项式：

$$c(x) = g(x) \cdot d(x) = 1 \oplus x \oplus x^4 \oplus x^6$$

表示码字 $\boldsymbol{c} = [c_0 c_1 c_2 c_3 c_4 c_5 c_6] = [1100101]$。

如果 k 表示数据的长度，$\deg(g(x))$ 是生成多项式 $g(x)$ 的度，那么得到的码字长度是 $n = k + \deg(g(x))$，其中 " + " 是算术加法。生成多项式的度决定了循环码的纠错能力，一个 (n,k) 循环码可以检测至多 $n - k$ 位突发错误。

生成多项式的选择由以下性质决定[21]：

【性质 5.2】 当且仅当 $1 \oplus x^n$ 除以 $g(x)$ 没有余数时，多项式 $g(x)$ 是长度为 n 的循环码的生成多项式。

因此，为了寻找 (n,k) 循环码的生成多项式 $g(x)$，首先应考虑对 $1 \oplus x^n$ 因式分解，然后在所得因子中选择具有 $n - k$ 度的多项式。

例 5.11 求一个 $(7,4)$ 循环码的生成多项式，并求其生成的编码。

解： 我们需寻找一个度为 $7 - 4 = 3$ 且除 $1 \oplus x^7$ 没有余数的多项式。多项式 $1 \oplus x^7$ 可被分解为

$$1 \oplus x^7 = (1 \oplus x \oplus x^3)(1 \oplus x^2 \oplus x^3)(1 \oplus x)$$

所以我们可以选择 $g(x) = 1 \oplus x \oplus x^3$ 或 $g(x) = 1 \oplus x^2 \oplus x^3$，表 5.7 列出了使用 $g(x) = 1 \oplus x \oplus x^3$ 生成的循环码。由于 $\deg(g(x)) = 3$，因此该循环码可以检测至多 3 个二进制位的所有突发错误。

表 5.7　使用 $g(x) = 1 \oplus x \oplus x^3$ 生成的 $(7,4)$ 循环码定义表

数据				码字						
d_0	d_1	d_2	d_3	c_0	c_1	c_2	c_3	c_4	c_5	c_6
0	0	0	0	0	0	0	0	0	0	0
0	0	0	1	0	0	0	1	1	0	1
0	0	1	0	0	0	1	1	0	1	0
0	0	1	1	0	0	1	0	1	1	1
0	1	0	0	0	1	1	0	1	0	0
0	1	0	1	0	1	1	1	0	0	1
0	1	1	0	0	1	0	1	1	1	0
0	1	1	1	0	1	0	0	0	1	1
1	0	0	0	1	1	0	1	0	0	0
1	0	0	1	1	1	0	0	1	0	1
1	0	1	0	1	1	1	0	0	1	0
1	0	1	1	1	1	1	1	1	1	1
1	1	0	0	1	0	1	1	1	0	0
1	1	0	1	1	0	1	0	0	0	1
1	1	1	0	1	0	0	0	1	1	0
1	1	1	1	1	0	0	1	0	1	1

例 5.12　求 $(7,3)$ 循环码的生成多项式。

解：我们需寻找一个度为 $7-3=4$ 且除 $1 \oplus x^7$ 没有余数的多项式。在重新查看上例中多项式 $1 \oplus x^7$ 的除数后，我们可以使用它们来创建两个 4 度的多项式：

$$g(x) = (1 \oplus x \oplus x^3)(1 \oplus x) = 1 \oplus x \oplus x^2 \oplus x^4$$
$$g(x) = (1 \oplus x^2 \oplus x^3)(1 \oplus x) = 1 \oplus x^2 \oplus x^3 \oplus x^4$$

由于它们除 $1 \oplus x^7$ 都没有余数，因此可以使用它们中的任何一个来生成 $(7,3)$ 循环码。

设 C 是 $g(x)$ 生成的 (n,k) 循环码，对于 $i \in \{0,1,\cdots,k-1\}$，码字 $x^i g(x)$ 均为 C 的基底。这是由于每个码字 $c(x)$ 是向量 $x^i g(x)$ 的线性组合：

$$c(x) = d(x)g(x) = d_0 g(x) \oplus d_1 x g(x) \oplus \cdots \oplus d_{k-1} x^{k-1} g(x)$$

因此，对于 $i \in \{0,1,\cdots,k-1\}$，一个 k 行对应于向量 $x^i g(x)$ 的矩阵是 C 的生成矩阵：

$$G = \begin{bmatrix} g(x) \\ xg(x) \\ \vdots \\ x^{k-2}g(x) \\ x^{k-1}g(x) \end{bmatrix} = \begin{bmatrix} g_0 & g_1 & \cdots & g_{n-k} & 0 & 0 & \cdots & 0 \\ 0 & g_0 & g_1 & \cdots & g_{n-k} & 0 & \cdots & 0 \\ \vdots & \vdots & \vdots & \vdots & \vdots & \vdots & & \vdots \\ 0 & 0 & 0 & g_0 & g_1 & \cdots & g_{n-k} & 0 \\ 0 & 0 & 0 & 0 & g_0 & g_1 & \cdots & g_{n-k} \end{bmatrix}$$

G 的每一行是其上一行的右循环移位。通过研究 G 的结构，读者可以看到对于循环码，编码过程可以由基于乘以 G 的矩阵乘法替换为基于乘以 $g(x)$ 的多项式乘法的原因。例如，如果 C 是具有生成多项式 $g(x) = 1 \oplus x \oplus x^3$ 的 $(7,4)$ 循环码，那么它的生成矩阵为

$$G = \begin{bmatrix} 1 & 1 & 0 & 1 & 0 & 0 & 0 \\ 0 & 1 & 1 & 0 & 1 & 0 & 0 \\ 0 & 0 & 1 & 1 & 0 & 1 & 0 \\ 0 & 0 & 0 & 1 & 1 & 0 & 1 \end{bmatrix}$$

5.5.4 一致校验多项式

循环码 C 的一致校验多项式 $h(x)$ 与 C 的生成多项式 $g(x)$ 存在如下关系：

$$g(x)h(x) = 1 \oplus x^n$$

该式意味着，如果使用生成多项式 $g(x)$ 将数据 $d(x)$ 编码为码字多项式 $c(x)$，则一致校验多项式与码字的乘积应该是零。这一等式成立的原因是，每个码字多项式 $c(x) \in C$ 与 $g(x)$ 存在倍数关系。因此，有

$$c(x)h(x) = d(x)g(x)h(x) = d(x)(1 \oplus x^n) = 0 \bmod 1 \oplus x^n$$

循环码的一致校验矩阵 H 从包含有 $h(x)$ 最高系数的行作为首行的起始，后面的行依次作为上一行的右循环，即

$$H = \begin{bmatrix} h_k & h_{k-1} & \cdots & h_0 & 0 & 0 & \cdots & 0 \\ 0 & h_k & h_{k-1} & \cdots & h_0 & 0 & \cdots & 0 \\ \vdots & & \vdots & & \vdots & & & \vdots \\ 0 & \cdots & 0 & h_k & h_{k-1} & \cdots & h_0 & 0 \\ 0 & \cdots & 0 & 0 & h_k & h_{k-1} & \cdots & h_0 \end{bmatrix}$$

例 5.13 设 C 是具有生成多项式 $g(x) = 1 \oplus x \oplus x^3$ 的 $(7,4)$ 循环码，计算其一致校验多项式。

解：$1 \oplus x^7$ 可被分解为

$$1 \oplus x^7 = (1 \oplus x \oplus x^3)(1 \oplus x^2 \oplus x^3)(1 \oplus x)$$
$$= g(x)(1 \oplus x^2 \oplus x^3)(1 \oplus x)$$

可以得出

$$h(x) = (1 \oplus x^2 \oplus x^3)(1 \oplus x) = 1 \oplus x \oplus x^2 \oplus x^4$$

对应的一致校验矩阵为

$$\boldsymbol{H} = \begin{bmatrix} 1 & 0 & 1 & 1 & 1 & 0 & 0 \\ 0 & 1 & 0 & 1 & 1 & 1 & 0 \\ 0 & 0 & 1 & 0 & 1 & 1 & 1 \end{bmatrix} \tag{5.11}$$

5.5.5   伴随多项式

根据上一节中的讨论,我们可以将伴随多项式定义为

$$s(x) = h(x)c(x) \bmod 1 \oplus x^n$$

此外,由于 $g(x)h(x) = 1 \oplus x^n$,我们可以通过将 $c(x)$ 除以 $g(x)$ 来计算 $s(x)$。如果 $s(x) = 0$,则没有错误发生;如果 $s(x) = [s_0 s_1 \cdots s_{n-k-1}]$ 与一致校验矩阵 $\boldsymbol{H}$ 的某一列匹配,则说明出现单位错误,错误位的位置对应于匹配列在 $\boldsymbol{H}$ 中的位置,因此可以校正错误;如果该伴随多项式不是零,并且不等于 $\boldsymbol{H}$ 的任何列,则说明发生无法纠正的多位错误。

5.5.6   编译码的实现

在本节中,我们将说明如何使用 LFSR 高效地实现循环码的编码和译码算法。

5.5.6.1   多项式乘法编码

数据多项式 $d(x) = d_0 \oplus d_1 x \oplus d_2 x^2 \oplus \cdots \oplus d_{k-1} x^{k-1}$ 与生成多项式 $g(x) = g_0 \oplus g_1 x \oplus g_2 x^2 \oplus \cdots \oplus g_r x^r$(此处 $r = n - k$)相乘,可以使用 LFSR 实现,如图 5.7 所示。

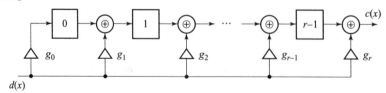

图 5.7   数据多项式 $d(x)$ 与生成多项式 $g(x)$ 相乘的逻辑图,
结果为码字多项式 $c(x)$

图 5.7 中，方框是寄存器单元，每个单元能够存储 1 位二进制信息。符号"⊕"标记的圆圈表示模 2 加法器，三角形表示对应于生成多项式 $g(x)$ 的系数 g_i 的码重。对于 $i \in \{0,1,\cdots,r\}$，每个系数 g_i 或者为 0，表示"没有连接"；或者为 1，表示"连接"。图中没有标明时钟信号，在每个时钟周期，寄存器单元在其输入处加载值[9]。

相乘过程如下[21]：

所有寄存器单元初始值设置为 0。数据和码字多项式的系数首先在输入和输出线上出现，高位系数优先。当第一个数据的系数 d_{k-1} 出现在输入端时，输出变为 $d_{k-1}g_r$，这是码字多项式 c_{n-1} 的正确系数。移位后，寄存器单元分别加载 $d_{k-1}g_0, d_{k-1}g_1, \cdots, d_{k-1}g_{r-1}$，输入变为 d_{k-2}，输出变为 $d_{k-1}g_{r-1} \oplus d_{k-2}g_r$，这是 c_{n-2} 的正确系数。在下一个时钟周期，寄存器单元的内容变为 $d_{k-2}g_0$，$d_{k-1}g_0 \oplus d_{k-2}g_1, d_{k-1}g_1 \oplus d_{k-2}g_2, \cdots, d_{k-1}g_{r-2} \oplus d_{k-2}g_{r-1}$，输入变为 d_{k-3}，输出变为 $d_{k-1}g_{r-2} \oplus d_{k-2}g_{r-1} \oplus d_{k-3}g_r$，这是 c_{n-3} 的正确系数，如此继续。

建议读者在每一步中写出寄存器单元的内容，并将其与在多项式乘法手工计算获得的中间结果进行比较。

作为例子，考虑图 5.8 所示中的 LFSR，它用生成多项式 $g(x) = 1 \oplus x \oplus x^3$ 实现乘法运算，用异或门实现模 2 加法器。

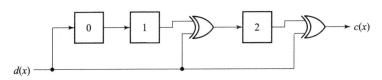

图 5.8　实现乘以生成多项式 $g(x) = 1 \oplus x^2 \oplus x^3$ 的 LFSR

设 $s_i \in \{0,1\}$，$i \in \{0,1,2\}$，表示寄存器单元 i 在当前步长的值，寄存器单元的值向量称为 LFSR 的状态。设 $s_i^+ \in \{0,1\}$ 表示下一个步长寄存器单元 i 的值。从图 5.9 所示的电路中，我们可以推导出下一状态的方程如下：

$$s_0^+ = d(x)$$
$$s_1^+ = s_0$$
$$s_2^+ = s_1 \oplus d(x)$$
$$c(x) = s_2 \oplus d(x)$$

表 5.8 列出了数据 $\boldsymbol{d} = [d_0 d_1 d_2 d_3] = [0101]$ 的编码过程，由此产生的码字 $\boldsymbol{c} = [c_0 c_1 c_2 c_3 c_4 c_5 c_6] = [0100111]$，可以容易地验证 $d(x) \cdot g(x)$：

$$d(x) \cdot g(x) = (x \oplus x^3)(1 \oplus x^2 \oplus x^3) = x \oplus x^4 \oplus x^5 \oplus x^6 = c(x)$$

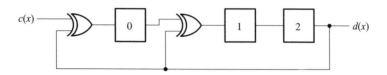

图 5.9 用生成多项式 $g(x) = 1 \oplus x \oplus x^3$ 来实现除法的 LFSR 逻辑图

表 5.8 图 5.8 中输入 $d = 0101$ 的 LFSR 状态序列

时钟周期	输入 $d(x)$	下一个 LFSR 状态			输出 $c(x)$	
		s_0^+	s_1^+	s_2^+		
		0	0	0		
1	1	1	0	1	1	x^6
2	0	0	1	0	1	x^5
3	1	1	0	0	1	x^4
4	0	0	1	0	0	
5	0	0	0	1	0	
6	0	0	0	0	1	x
7	0	0	0	0	0	

5.5.6.2 多项式除法译码

码字多项式 $c(x) = c_0 \oplus c_1 x \oplus c_2 x^2 \oplus \cdots \oplus c_{n-1} x^{n-1}$ 与生成多项式 $g(x) = g_0 \oplus g_1 x \oplus g_2 x^2 \oplus \cdots \oplus g_r x^r$（此处 $r = n - k$）相除，可以使用 LFSR 实现，如图 5.10 所示。与前面类似，对于 $i \in \{0, 1, \cdots, r-1\}$，$g_i$ 对应于生成多项式 $g(x)$ 的系数，其中 0 表示 "没有连接"，1 表示 "连接"。但 g_r 是一个特例，它是一直连接的。

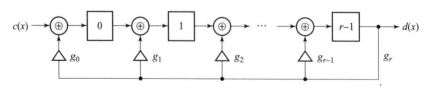

图 5.10 码字多项式 $c(x)$ 除以生成多项式 $g(x)$ 的
LFSR 逻辑图，结果是数据多项式 $d(x)$

相除过程如下[21]：

所有寄存器单元初始值设置为 0。码字和数据多项式的系数出现在输入和输出线上，高位系数优先。第一个输入系数到达 LFSR 的最后寄存器单元需要

$r-1$ 个时钟周期，因此，对于开始的 $r-1$ 时钟周期，输出为 0。然后，$c_{n-1}g_r$ 在输出端出现，它对应于数据多项式的系数 d_{k-1}。对于每一个非零商的系数 d_i，$i \in \{0,1,\cdots,k-1\}$，多项式 $d_i g(x)$ 需从被除数中减去，回馈连接完成此减法。注意，$\mathbb{F}_2$ 中的模 2 减法与模 2 加法类似。在总共 n 个时钟周期之后，计算数据多项式的所有系数。寄存器单元包含的余数 $[s_0 s_1 \cdots s_{r-1}]$ 对应于伴随式的值。

建议读者在每一步中写出寄存器单元的内容，并将其与在多项式除法手工计算获得的中间结果序列进行比较。

举例说明，考虑图 5.9 所示的 LFSR，它通过生成多项式 $g(x) = 1 \oplus x \oplus x^3$ 来实现除法。该 LFSR 的下一状态方程如下：

$$s_0^+ = s_2 \oplus c(x)$$
$$s_1^+ = s_0 \oplus s_2$$
$$s_2^+ = s_1$$
$$d(x) = s_2$$

假设要解码的码字是 $c = [c_0 c_1 c_2 c_3 c_4 c_5 c_6] = [1010001]$，表 5.9 说明了解码过程。从高位系数 c_6 开始，将 $c(x)$ 的系数输入 LFSR。对应于数据的高位系数商的第 1 位 d_3 出现在第 4 个时钟周期的输出线上。7 个周期后，完成除法运算，此时 LFSR 的状态是 $s = [s_0 s_1 s_2] = [000]$。由于伴随式为 0，所以没有错误发生。因此，$c(x)$ 是一个正确的码字，$d = [1101]$ 是有效数据，我们可以通过如下计算来验证：

$$c(x)/g(x) = (1 \oplus x^2 \oplus x^6)/(1 \oplus x \oplus x^3) = 1 \oplus x \oplus x^3 = d(x)$$

表 5.9　图 5.10 中输入码字为 [1010001] 时 LFSR 的状态序列

时钟周期	输入 $c(x)$	下一个 LFSR 状态			输出 $d(x)$	
		s_0^+	s_1^+	s_2^+		
		0	0	0		
1	1	1	0	0	0	
2	0	0	1	0	0	
3	0	0	0	1	0	
4	0	1	1	0	1	x^3
5	1	1	1	1	0	
6	0	1	0	1	1	x
7	1	0	0	0	1	1

接下来，假设在码字 $c = [1010001]$ 的第 4 位中发生了单个二进制位错误，于是接收到字 $c^* = [1011001]$。根据表 5.10 列出的解码过程可以看出，除法完成之后的寄存器伴随式 $s = [110]$，与式（5.11）中一致校验矩阵的第 4 列匹配。我们可以通过下式来验证结果：

$$c^*(x)/g(x) = (1 \oplus x^2 \oplus x^3 \oplus x^6)/(1 \oplus x \oplus x^3)$$
$$= (x \oplus x^3) \oplus (1 \oplus x)/(1 \oplus x \oplus x^3)$$

表 5.10　图 5.10 中输入码字为 [1011001] 时 LFSR 的状态序列

时钟周期	输入 $c(x)$	下一个 LFSR 状态			输出 $d(x)$	
		s_0^+	s_1^+	s_2^+		
0		0	0	0		
1	1	1	0	0	0	
2	0	0	1	0	0	
3	0	0	0	1	0	
4	1	0	1	0	1	x^3
5	1	1	0	1	0	
6	0	1	0	0	1	x
7	1	1	1	0	0	

5.5.7　可分离循环码

到目前为止，我们研究的循环码都是不可分离的，可以使用以下方式[21]构造可分离循环码。

首先，我们取数据 $d = [d_0 d_1 \cdots d_{k-1}]$ 进行编码，并将其右移 $n - k$ 个位置，结果如下：

$$[00 \cdots 0 d_0 d_1 \cdots d_{k-1}]$$

将向量 d 右移 $n - k$ 个位置相当于将数据多项式 $d(x)$ 乘以项 x^{n-k}。因此，上述 n 位字对应以下多项式：

$$d(x)x^{n-k} = d_0 x^{n-k} \oplus d_1 x^{n-k+1} \oplus \cdots \oplus d_{k-1} x^{n-1}$$

多项式 $d(x)x^{n-k}$ 可以分解为

$$d(x)x^{n-k} = q(x)g(x) \oplus r(x)$$

式中，$q(x)$ 是商；$r(x)$ 是余数。

余数 $r(x)$ 的度小于 $n - k$，即

$$[r_0 r_1 \cdots r_{n-k-1} 00 \cdots 0]$$

通过将 $r(x)$ 从方程的右侧移到左侧，得

$$d(x)x^{n-k} \oplus r(x) = q(x)g(x)$$

回忆一下，$\mathbb{F}_2$ 中的模 2 减法与模 2 加法类似。因为这个方程的左边与 $g(x)$ 存在倍数关系，所以它是一个码字，即如下形式：

$$[r_0 r_1 \cdots r_{n-k-1} d_0 d_1 \cdots d_k]$$

如此，我们获得了一个数据与校验位分离的码字，这符合我们的目标。

下面以生成多项式 $g(x) = 1 \oplus x \oplus x^3$ 生成 (7, 4) 循环码为例，来说明上面解释的编码技术。假设要编码的数据是 $d(x) = x \oplus x^3$，即 $\boldsymbol{d} = [d_0 d_1 d_2 d_3] = [0101]$。首先计算 $x^{n-k}d(x)$，此处 $n - k = 3$，于是得到 $x^3(x \oplus x^3) = x^4 \oplus x^6$。对 $x^4 \oplus x^6$ 分解，得

$$x^4 \oplus x^6 = (1 \oplus x^3)(1 \oplus x \oplus x^3) \oplus (1 \oplus x)$$

因此，余项 $r(x) = 1 \oplus x$，最终的码字多项式为

$$c(x) = d(x)x^{n-k} \oplus r(x) = 1 \oplus x \oplus x^4 \oplus x^6$$

即 $\boldsymbol{c} = [c_0 c_1 c_2 c_3 c_4 c_5 c_6] = [1100101]$，数据包含在码字的最后四位中。

例 5.14　用生成多项式 $g(x) = 1 \oplus x \oplus x^3$ 构造可分离 (7, 4) 循环码的生成矩阵和一致校验矩阵。

解：从例 5.13 可知，具有生成多项式 $g(x) = 1 \oplus x \oplus x^3$ 的 (7, 4) 循环码具有由式 (5.11) 给出的一致校验矩阵。由于 $\boldsymbol{H}$ 的列表示长度为 3 的所有可能的非零二进制向量，因此可以断定此编码是汉明码。

在 5.4.7 节中，我们证明了通过排列 $\boldsymbol{H}$ 的列使其成为 $\boldsymbol{H} = [\boldsymbol{A}^{\mathrm{T}} \boldsymbol{I}_{n-k}]$ 的形式，可以从不可分离汉明码中得到可分离汉明码。将这一方式利用到式 (5.7)，一个可能的解为

$$\boldsymbol{H} = \begin{bmatrix} 1 & 0 & 1 & 1 & 1 & 0 & 0 \\ 1 & 1 & 1 & 0 & 0 & 1 & 0 \\ 0 & 1 & 1 & 1 & 0 & 0 & 1 \end{bmatrix}$$

对应的生成矩阵 $\boldsymbol{G} = [\boldsymbol{I}_k \boldsymbol{A}]$ 为

$$\boldsymbol{G} = \begin{bmatrix} 1 & 0 & 0 & 0 & 1 & 1 & 0 \\ 0 & 1 & 0 & 0 & 0 & 1 & 1 \\ 0 & 0 & 1 & 0 & 1 & 1 & 1 \\ 0 & 0 & 0 & 1 & 1 & 0 & 1 \end{bmatrix}$$

由于可分离循环码的编码涉及多项式除法，因此可以使用类似于解码的 LFSR 来实现可分离循环码。LFSR 的输入 n 位向量 $[00 \cdots 0 d_0 d_1 \cdots d_{k-1}]$ 表示多项式 $x^{n-k}d(x)$ 的系数。在 n 个时钟周期之后，当输入 $d(x)$ 的最后一位时，

LFSR 包含输入多项式 $x^{n-k}d(x)$ 被生成多项式 $g(x)$ 除的余项。将该余项加到 $x^{n-k}d(x)$ 中，即可得到结果码字。

5.5.8 循环冗余校验码

循环冗余校验（CRC）码是具有特定生成多项式的可分离循环码，用于提供数据传输和存储的高检错能力[20]。CRC 的公共生成多项式如下：

- CRC – 12：$1 \oplus x \oplus x^2 \oplus x^3 \oplus x^{11} \oplus x^{12}$
- CRC – 16：$1 \oplus x^2 \oplus x^{15} \oplus x^{16}$
- CRC – CCITT：$1 \oplus x^5 \oplus x^{12} \oplus x^{16}$
- CRC – 32：$1 \oplus x \oplus x^2 \oplus x^4 \oplus x^7 \oplus x^8 \oplus x^{10} \oplus x^{11} \oplus x^{12} \oplus x^{16} \oplus x^{22} \oplus x^{23} \oplus x^{26} \oplus x^{32}$
- CRC – 64 – ISO：$1 \oplus x \oplus x^3 \oplus x^4 \oplus x^{64}$
- CRC – 64 – ECMA – 182：$1 \oplus x \oplus x^4 \oplus x^7 \oplus x^9 \oplus x^{10} \oplus x^{12} \oplus x^{13} \oplus x^{17} \oplus x^{19} \oplus x^{21} \oplus x^{22} \oplus x^{23} \oplus x^{24} \oplus x^{27} \oplus x^{29} \oplus x^{31} \oplus x^{32} \oplus x^{33} \oplus x^{35} \oplus x^{37} \oplus x^{38} \oplus x^{39} \oplus x^{40} \oplus x^{45} \oplus x^{46} \oplus x^{47} \oplus x^{52} \oplus x^{54} \oplus x^{55} \oplus x^{57} \oplus x^{62} \oplus x^{64}$

CRC – 12 用于传输电信系统中的 6 位字符流。CRC – 16 和 CRC – CCITT 分别用于美国和欧洲的调制解调器和网络协议中的 8 位传输流，为大多数应用提供了足够的保护。CRC – 16 和 CRC – CCITT 的一个有吸引力的特点是它们的多项式中非零项的数量很少，由于实现编码和解码所需的 LFSR 对于具有较少项数的生成多项式来说更简单，因此这是这两种编码的优势。需要额外保护的应用（如美国国防部的应用）使用 32 位或 64 位 CRC。

编码和解码的过程都是通过 5.5.7 节介绍的软硬件方式来实现的。为了实现编码，首先将数据多项式右移 $\deg(g(x))$ 位位置，然后将数据多项式除以生成多项式，余数的系数构成 CRC 码字的校验位。校验位的数目等于生成多项式的度数，因此 CRC 可检测长度小于或等于 $\deg(g(x))$ 的所有突发错误。CRC 还能检测许多大于 $\deg(g(x))$ 的错误。例如，CRC – 16 和 CRC – CCITT 除了能够检测长度为 16 或更小的所有突发错误外，还能够检测 99.997% 的长度为 17 的突发错误和 99.9985% 的长度为 18 的突发错误[33]。

需要高数据传输速率的应用通常使用 CRC 多位计算方法，而不是每个时钟周期 1 位的逐位计算[8,27]。

5.5.9 里德 – 所罗门码

里德 – 所罗门码[23]（RS 码）是一类用于纠正错误的可分离循环码，其应用十分广泛，包括存储设备（磁带、光盘、DVD、条形码和 RAID 6）、无线通信（蜂窝电话、微波链路）、深空和卫星通信、数字电视（DVB、ATSC）和高速调制解调器（ADSL、XDSL）。

形式上，里德 – 所罗门码不是二进制码，里德 – 所罗门码背后的理论是在集合 $\{0,1\}$ 上的 m 度有限域 $\mathbb{F}_2^m$，这样的元素是 0 和 1 的 m 元组。例如，对于 $m=3$，$\mathbb{F}_2^3 = \{000,001,010,011,100,101,110,111\}$。因此，在里德 – 所罗门码中，码符号是 m 位向量，通常取 $m=8$，即字节。

(n,k) 里德 – 所罗门码的编码器取 m 位的 k 个信息码元，计算其 $n-k$ 个监督码元，并将监督码元附加到 k 个信息码元后面，以获得包含 m 位的 n 个码元的码字。编码过程类似于 5.5.7 节中的描述，不同之处在于计算是在 m 位向量而不是在单个二进制位上进行。最大码长与 m 有关，即 $n=2^m-1$。例如，里德 – 所罗门码在 8 位码元上每个码字具有 $n=2^8-1=255$ 个码元。里德 – 所罗门码可以纠正 $\lfloor n-k \rfloor /2$ 个码元包含的错误。

例如，一种流行的里德 – 所罗门码是 RS（255，223），其码字是 8 位长。每个码字包含 255 个字节，其中 223 个字节是数据，32 个字节为校验，故 $n=255$，$k=223$。因此，这个码最多可以纠正 16 个包含错误的字节，这 16 个字节中的每一个都可以有多位错误。

里德 – 所罗门码的译码采用 Berlekamp 设计的一种算法[4]，里德 – 所罗门码的流行在很大程度上归因于该算法的效率，旅行者 II（Voyager II）曾使用 Berlekamp 的算法将外层空间的图片传回地球[19]，这一算法也是光盘解码的基础。为了使里德 – 所罗门码更实用化，多年来人们对其进行了许多额外的改进。例如，光盘使用的是里德 – 所罗门码修改版本，称为交错交织里德 – 所罗门码（cross – interleaved Reed – Solomon code）[11]。

5.6　无序码

在本节中，我们将讨论另一个有趣的码族，称为无序码。无序码被用来检测一种称为单向错误的特殊类型错误，单向错误会将 0 变为 1，或将 1 变为 0，但这两种错误不会同时出现。例如，单向错误可将 [1011000] 更改为 [0001000]，任何单个二进制位错误都是单向的。

最初，无序码的发明是为了用于不对称信道中错误检测的传输码，这种信道错误更容易只在一个方向上发生[3]。后来，人们发现无序码也可应用于许多其他方面，包括条形码设计[32]、逻辑电路中的在线错误检测[13]、测试模式生成[29] 以及用于 GSM 网络的跳频列表构造[26] 等。

无序码这一名称来源于以下内容：对于所有的 $i \in \{0,1,\cdots,n-1\}$，有两个二进制 n 位向量 $\boldsymbol{x} = [x_0 x_1 \cdots x_i \cdots x_{n-1}]$ 和 $\boldsymbol{y} = [y_0 y_1 \cdots y_i \cdots y_{n-1}]$，当 $x_i \leqslant y_i$ 或 $x_i \geqslant y_i$ 时，则说它们是有序的。例如，设 $\boldsymbol{x} = [0101]$，$\boldsymbol{y} = [0000]$，由于 $\boldsymbol{x} \geqslant \boldsymbol{y}$，则说 $\boldsymbol{x}$ 和 $\boldsymbol{y}$ 是有序的。无序码是满足其任意两个码字无序属性的编码。

无序码检测所有单向错误的能力直接遵循上述特性。单向错误总是将码字 $\boldsymbol{x}$ 更改为小于或大于 $\boldsymbol{x}$ 的码字 $\boldsymbol{y}$，但单向错误不能将 $\boldsymbol{x}$ 更改为不以 $\boldsymbol{x}$ 排序的码字。因此，如果一个编码中的每一对码字都是无序的，那么没有单向错误可以将一个码字改变为另一个码字。因此，无序码可以检测任何单向错误。

在本节，我们将描述两种流行的无序码：$m - \text{of} - n$ 码和 Berger 码。

5.6.1 $m - \text{of} - n$ 码

$m - \text{of} - n$ 码（也称作常重码）是指，对于所有 n 位码字，1 的个数恒定为 m 个。任何 d 个二进制位单向错误都会使码字中数字 1 的数量变为 $m - d$ 个或 $m + d$ 个，通过这一数量的变化即可检测错误。

一种流行的 $m - \text{of} - n$ 码是 $2 - \text{of} - 5$ 码。这一编码使用 5 个二进制位表示十进制数，每个二进制位被分配一个权重，权重的总和即对应于被表示的十进制数。权重的分配以大多数数字的表示具有唯一性为原则，由于数字 0 不可能表示为两个权重的和，因此 0 被特殊化处理。表 5.11 说明了 $m - \text{of} - n$ 码用于两个条形码系统的权重分配：一种是用于照片洗印行业和仓库分拣行业的"工业 25 码"[31]；另一种是美国邮政局使用的邮政数字编码技术（Postal Numeric Encoding Technique，POSTNET）[32]。

表 5.11　$2 - \text{of} - 5$ 码权重分配举例

十进制数字	$2 - \text{of} - 5$ 码权重及编码	
	工业 25 码	POSTNET
	$0 - 1 - 2 - 3 - 6$	$7 - 4 - 2 - 1 - 0$
0	01100	11000
1	11000	00011
2	10100	00101
3	10010	00110
4	01010	01001
5	00110	01010
6	10001	01100

十进制数字	2 – of – 5 码权重及编码	
	工业 25 码	POSTNET
	0 – 1 – 2 – 3 – 6	7 – 4 – 2 – 1 – 0
7	01001	10001
8	00101	10010
9	00011	10100

从表中可以看出，前一种码的权重分配为 $0 – 1 – 2 – 3 – 6$，如数字 4 表示为 [01010]；后一种码的权重分配为 $7 – 4 – 2 – 1 – 0$，在这种情况下，数字 4 表示为 [01001]。

另一类流行的 $m – of – n$ 码是 $1 – of – n$ 码（也称为独热编码），该编码使用 n 位码字来编码 $\log_2 n$ 位数据。例如，$1 – of – 2$ 码使用码字 [01] 和 [10] 分别对数据 [0] 和 [1] 进行编码；$1 – of – 4$ 码使用码字 [0001]、[0010]、[0100] 和 [1000] 分别对数据 [00]、[01]、[10] 和 [11] 进行编码。$1 – of – n$ 码的应用包括有限状态机合成的状态分配[6]、异步电路的双轨编码[16] 和光通信系统中的脉冲位置调制[22] 等。

构造 $m – of – n$ 码的一种简单方法是获取原始 k 位数据 $\boldsymbol{d} = [d_0 d_1 \cdots d_{k-1}]$，将它们取补得到 $[\bar{d}_0 \bar{d}_1 \cdots \bar{d}_{k-1}]$，然后将取补得到的 k 位数据附加到原始数据之后得到 $2k$ 位码字：

$$\boldsymbol{c} = [c_0 c_1 \cdots c_{2k}] = [d_0 d_1 \cdots d_{k-1} \bar{d}_0 \bar{d}_1 \cdots \bar{d}_{k-1}]$$

例如，如表 5.12 所示是 $3 – of – 6$ 码，读者可以容易地验证所有码字中 1 的数量均为 3 个。

$2k – of – k$ 码的优点是它的可分离性，这一特性大大简化了编码和解码过程；而 $2k – of – k$ 码的缺点是信息率很低，仅有 $1/2$。

表 5.12　3 – of – 6 码定义表

数据			码字					
d_0	d_1	d_2	c_0	c_1	c_2	c_3	c_4	c_5
0	0	0	0	0	0	1	1	1
0	0	1	0	0	1	1	1	0
0	1	0	0	1	0	1	0	1

数据			码字					
d_0	d_1	d_2	c_0	c_1	c_2	c_3	c_4	c_5
0	1	1	0	1	1	1	0	0
1	0	0	1	0	0	0	1	1
1	0	1	1	0	1	0	1	0
1	1	0	1	1	0	0	0	1
1	1	1	1	1	1	0	0	0

5.6.2 Berger 码

Berger 码的校验位表示了数据字中"1"的个数[3]，长度为 n 的 Berger 码的码字由 k 个数据位和 m 个校验位组成，此处

$$m = \lceil \log_2(k+1) \rceil$$

$k = 2^m - 1$ 的 Berger 码称为最大长度 Berger 码。

校验位是通过对 m 位二进制表示的数据字中 1 的个数取反而得出的。例如，假设数据为 7 位，则校验位 $m = 3$。若计算数据 $d = [0110101]$ 的校验位，首先对数据中的 1 进行计数，得 4，然后用 3 位二进制表示 4，即 100，对其取反得 011，由此可以得出最终的 10 位二进制码字为 $c = [0110101011]$。

表 5.13 列出了 3 位数据的 Berger 码。

表 5.13　3 位数据的 Berger 码定义表

数据			码字				
d_0	d_1	d_2	c_0	c_1	c_2	c_3	c_4
0	0	0	0	0	0	1	1
0	0	1	0	0	1	1	0
0	1	0	0	1	0	1	0
0	1	1	0	1	1	0	1
1	0	0	1	0	0	1	0
1	0	1	1	0	1	0	1
1	1	0	1	1	0	0	1
1	1	1	1	1	1	0	0

k 位二进制数据 Berger 码的信息率为 $k/(k+\lceil\log_2(k+1)\rceil)$，这一信息率是可分离无序码中最高的[15]。表 5.14 列出了不同数据长度 Berger 码的信息率。

表 5.14 不同数据长度 Berger 码的信息率

数据位长度	校验位长度	信息率
4	3	0.57
8	4	0.67
16	5	0.76
32	6	0.84
64	7	0.90
128	8	0.94

接下来将说明如何在逻辑电路中使用 Berger 码进行实时（或并发）错误检测。

考虑如图 5.11 所示的全加法器电路，表 5.15 列出了求和 s 和执行 c_{out} 输出的布尔函数真值表。

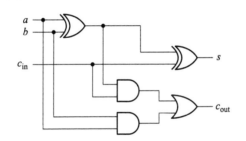

图 5.11 全加法器逻辑电路

表 5.15 布尔函数真值表（含预测的校验位）

输入			输出		校验位	
a	b	c_{in}	s	c_{out}	b_0	b_1
0	0	0	0	0	1	0
0	0	1	1	0	0	1
0	1	0	1	0	0	1
0	1	1	0	1	0	1
1	0	0	1	0	0	1
1	0	1	0	1	0	1
1	1	0	0	1	0	1
1	1	1	1	1	0	0

我们将 2 位输出向量 $[s\ c_{out}]$ 作为要编码的数据，由于 $k=2$，所以要附加的校验位数目是 $m=\lceil\log_2 3\rceil=2$。对于四个可能的输出向量 [00]、[01]、[10]、[11]，我们对每个向量中的 "1" 进行计数，并将计数结果用两位二进制数表示，然后对其进行取反，得到的校验位 $[b_0 b_1]$ 在表 5.15 的最后两列中列出。

现在可以将表 5.15 的最后两列理解为 3 变量的布尔函数真值表，其包含了预测校验位的值。我们可以使用如下方式计算预测校验位的值：

$$b_0(a,b,c_{in}) = \bar{a}\ \bar{b}\ \bar{c}_{in}$$

$$b_1(a,b,c_{in}) = \overline{abc_{in} + \bar{a}\ \bar{b}\ \bar{c}_{in}}$$

实现这一计算的逻辑电路如图 5.12 所示。

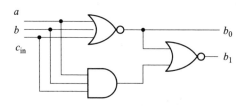

图 5.12   预测的校验位计算的逻辑电路

剩下的工作是根据输出 s 和 c_{out} 的值设计一个校验器，重新计算校验位，并将其与预测的校验位进行比较。表 5.16 列出了用于重新计算校验位的布尔函数真值表。我们可以使用如下布尔表达式：

$$b_0^*(s,c_{out}) = \bar{s}\ \bar{c}_{out}$$

$$b_1^*(s,c_{out}) = s \oplus c_{out}$$

表 5.16   重新计算的校验位 b_0^*、b_1^* 真值表

s	c_{out}	b_0^*	b_1^*
0	0	1	0
0	1	0	1
1	0	0	1
1	1	0	0

实现这一功能并将其与预测的校验位进行比较的逻辑电路如图 5.13 所示，如果二者输入不一致，则第二级逻辑中任意一个异或门的输出为 1。因此，如果重新计算的校验位中存在至少一位与预测的校验位不一致，则最终的或门输出为 1。

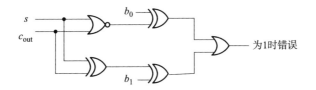

图 5.13 重新计算的校验位与预测校验位进行对比的逻辑电路

我们可以将所有的模块组合成一个总图，如图 5.14 所示。标记为"电路"的模块对应于图 5.11 中的全加法器；标记为"预测器"的模块对应于图 5.12 中的电路；标记为"校验器"的模块对应于图 5.13 中的电路。所得到的最终电路具备故障保护功能，以防止在输出向量 $[sc_{out}b_0b_1]$ 中出现单向错误，但校验器本身在故障发生时不受保护。一些对校验器的自检技术[15,18]，可用于保护校验器。

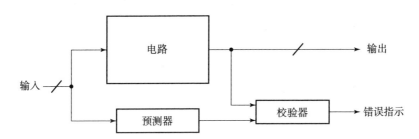

图 5.14 基于可分离码的实时错误检测逻辑电路

电路故障有可能增加输出单向错误的概率，这可以通过对原始电路和预测校验位的再组合来解决，使它们仅由与门和或门组成，并且反相器仅出现在主输入上。以这种方式组合的逻辑电路称为内部单调的电路。如果一个电路内部是单调的，那么连接任何内部电路输出的所有路径都具有相同数量的非门，即零。因此任何内部线路上的单点固定型故障可能仅导致输出上的单向错误[13]。只有包含反相器的主输入处的单固定型故障可能导致输出上的双向错误。然而，将电路重新组合成内部单调电路可能会大大增加其面积，因此这种技术在实践中并不常用。

图 5.14 所示的逻辑电路实时错误检测技术不仅可以与 Berger 码一起使用，还可以与任何可分离的错误检测码一起使用，如奇偶校验码或 $2k-of-k$ 码。预测器和校验器可以根据编码的规则进行构造。

5.7 算术码

算术码通常用于检测算术运算中诸如加法或乘法的错误。在执行运算之前，对被计算的数 a、b 进行编码，对所产生的码字 $A(a)$ 和 $A(b)$ 进行运算。在运算之后，对表示运算 "$*$" 的码字 $A(a)*(b)$ 进行解码并检查是否存在错误。

算术码依赖于关于操作 "$*$" 的不变性：

$$A(a*b) = A(a)*A(b)$$

不变性保证了对码字 $A(a)$ 和 $A(b)$ 的 "$*$" 计算给出与 $A(a*b)$ 相同的结果。因此，如果没有发生错误，对 $A(a*b)$ 进行解码将给出 $a*b$，即对 a 和 b 进行 "$*$" 计算的结果。

算术码不同于其他码，因为它们使用算术距离而不是汉明距离作为码字之间差异的度量。算术距离更紧密地匹配在算术计算期间可能发生的错误类型。例如，在加法器中，由于进位传播，一个二进制位的单个错误可能导致几个二进制位均出错。进位发生的错误也可能影响结果中的多个二进制位，在算术距离的定义下，这些错误仍然被计算为单个错误。

设

$$N = \sum_{i=0}^{n-1} x_i \times 2^i$$

是对应于 n 位二进制数 $[x_0 x_1 \cdots x_{n-1}]$ 的十进制表示数（注意，最低有效位在左边）。在二进制 N 中，用 $\mathrm{wt}(N)$ 表示算术码重，它被定义为符合以下表达式 N 中非零项的最小数目：

$$N = \sum_{i=0}^{n} a_i \times 2^i \tag{5.12}$$

此处 $a \in \{-1,0,1\}$[21]。换言之，式（5.12）也允许负系数。例如，十进制整数 29 的二进制表示为 $29 = 2^0 + 2^2 + 2^3 + 2^4 = [10111]$，因此其汉明重量为 4。另一方面，如果允许负系数，则十进制整数 29 可以表示为 $29 = 2^5 - 2^1 - 2^0$，因此，29 的算术码重为 3。算术码重总是小于等于二进制表示中 1 的数目。

两个整数 N_1 和 N_2 的算术距离定义为[21]

$$A_\mathrm{d}(N_1, N_2) = \mathrm{wt}(N_1 - N_2)$$

例如，$A_\mathrm{d}(29,33) = 14$ 是因为 $29 - 33 = -4 = -2^2$。注意，此时 $H_\mathrm{d}(101110,$

100001）= 3。两个数字之间的算术距离总是小于或等于它们的汉明距离。由于算术计算中的一个错误可能导致错误和正确数字之间产生非常大的汉明距离，所以算术距离是算术码更合适的度量。

与汉明距离相同，对于检测 $d-1$ 位或更少位的所有错误，每对码字之间的算术距离至少为 d 是必要的，并且是足够的。为了纠正至多 c 个错误，最小算术距离为 $2c+1$ 是充要的。根据算术距离对与错误字最接近的码字进行纠错。纠正至多 c 个错误的任意组合的同时，检测附加错误需要算术距离 $A_d \geqslant 2c+a+1$ [21]。

算术编码的两种常见类型是 AN 码和剩余码。

5.7.1　AN 码

AN 码是算术码最简单的代表，AN 码的码字是通过将数据对应整数的十进制表示 N 乘以常数 A 而获得的。例如，我们可以列出 $3N$ 码的码字，如表 5.17 所示。

表 5.17　$3N$ 码定义表

数据		码字			
d_0	d_1	c_0	c_1	c_2	c_3
0	0	0	0	0	0
0	1	0	1	1	0
1	0	1	1	0	0
1	1	1	0	0	1

对 AN 码的码字进行解码，可将其除以 A。如果结果没有余数，则没有发生错误；否则，就表示出现了错误。

读者可能注意到了 AN 码和循环码之间的对比关系。在 AN 码中，码字是 A 的倍数；而在循环码中，由 $g(x)$ 生成的码字多项式是 $g(x)$ 的倍数。

AN 码的码字长度比原数据字长 $\lceil \log_2 A \rceil$ 位，因此，k 位数据的信息率是 $k / (k + \lceil \log_2 A \rceil)$。

AN 码是加减不变量，但不是乘除不变量。例如，当 $a, b \neq 0$ 时，显然 $3(a \times b) \neq 3a \times 3b$。

常数 A 决定 AN 码的信息率及其错误检测能力，对于二进制码，A 不应该是偶数，这是因为如果 A 是偶数，那么每个码字可以被 2 整除。因此，每个码字的最低位总是 0，即无用。

为了构造一个能检测所有单位错误的 AN 码，我们需要确保每对码字之间的最小算术距离是 2。为了保证没有两个码字的算术距离为 1，我们需要通过选择 A，使下式成立：

$$AN_1 - AN_2 = A(N_1 - N_2) \neq 2^i$$

式中，N_1 和 N_2 是数据对应整数的十进制表示。通过选择与 2 互素且大于 2 的数 A，即可满足上述条件[21]。满足条件的最小 A 的取值为 $A=3$，$3N$ 码可以检测所有单错。

构造算术距离 $A_d > 2$ 的 AN 码更为困难，感兴趣的读者可以参考文献[21]。

5.7.2 剩余码

剩余码是可分离算术码，它是通过计算数据的剩余并将其附加到数据后而得出的。该余数是通过将数据对应整数的十进制表示 N 除以称为模数的整数来生成的。

设 N 是二进制数据对应十进制表示的整数，则 N 的剩余表示为

$$N = a \times m + r$$

式中，"×"和"+"分别为算术乘法和加法；a、m 和 r 均为整数且 $0 \leq r \leq m$，整数 m 称为模数，整数 r 为运算 $N \bmod m$ 的余数，r 的 $\lceil \log_2 m \rceil$ 位二进制表示给出了剩余码的校验位。

例如，若 $N=11$，$m=8$，则 $11 \bmod 8 = 3$。此时 $\lceil \log_2 m \rceil = 3$，则 3 个校验位的二进制表示为 $[110]$，将其附加在数据的二进制表示 $[d_0 d_1 d_2 d_3] = [1101]$ 后面，即得 7 位码字 $[1101110]$。

同样，读者可能注意到剩余码和可分离循环码之间具有相似性。在具有模 m 的剩余码中，校验位是通过将数据除以模来计算的；在可分离循环码中，通过将数据多项式除以 $g(x)$ 得到表示校验位的多项式。

剩余码是加法不变的，因为

$$(b + c) \bmod m = b \bmod m + c \bmod m$$

式中，b 和 c 是数据字；m 是模。

这一特点允许我们在加法过程中分别处理余数，而模的值决定了代码的信息率和错误检测能力。

一类有趣的剩余码是低成本剩余码（low-cost residue codes）[24]，它使用模 $m = 2^r - 1$，其中 $r \geq 2$。由于

$$2^{r \times i} \bmod (2^r - 1) = 1$$

对于任意 $i \geq 0$，具有以下属性：

$$(d_i \times 2^{r \times i}) \bmod (2^r - 1) = d_i \bmod (2^r - 1)$$

因此，低成本剩余码的编码可以通过在模 m 后添加长度为 r 的数据块来完成，而不是对数据取模得出。

　　校验位的计算首先将数据划分成长度为 r 的块，然后将这些块加上模 $2^r - 1$ 得出。如果数据长度不是 r 的倍数，则用 0 填充。例如，设数据为 $[d_0 d_1 \cdots d_8] = [011011001]$ 且 $m = 3 = 2^2 - 1$。首先，我们使用 0 填充数据，使数据长度为 2 的倍数，得到 $[d_0 d_1 \cdots d_9] = [0110110010]$。注意，填充不能改变与数据相对应的整数值，所以我们添加 0 作为最高有效位。接着，我们将数据划分为长度为 2 的块：$[01]$、$[10]$、$[11]$、$[00]$、$[10]$。最后，我们将这两部分进行组合。结果 $[10]$ 对应于十进制整数 1，为了验证这一结果，我们可以将数据的十进制表示 310 除以 3，得到 310 mod 3 = 1，可以看出，两个结果是一致的。

　　剩余码的一种变体是逆剩余码，它是将剩余部分的布尔补码（而不是其本身）附加到数据上。这种编码已被证明比用于检测共模故障的通常剩余码更为有效[2]。

5.8　小结

　　在本章，我们研究了如何通过编码来容忍信息错误，提出了码、编/解码、信息率等基本概念。另外，我们讨论了许多重要的码族，包括奇偶校验码、线性码、循环码、无序码和算术码等。

思考题

5.1　长度为 4、大小为 8 的二进制码最大可编码的数据长度是多少？

5.2　给出一个信息率为 1/2 且长度为 6、大小为 8 的二进制码的例子。

5.3　给出一个信息率为 4/5 且长度为 6、大小为 8 的二进制码的例子。

5.4　编码理论和密码学中加密的主要区别是什么？

5.5　在码空间 $\{0,1\}^4$ 中，两个字的最大汉明距离是多少？

5.6　若有码集 $C = \{000000, 010101, 101010, 111111\}$，考虑：

（1）C 的码距是多少？

（2）如果 C 仅用于检错，则它能检测多少错误？绘制用于检测可能的最大错误数的错误检测逻辑门电路。

（3）如果 C 仅用于纠错，那么它能纠正多少错误？绘制用于纠正可能的最大错误数的解码器逻辑门电路。

5.7　证明某一解码方式可纠正所有至多 c 个二进制位错误，并且当且仅当码距至少为 $2c+a+1$ 时，同时检测一个附加错误。

5.8　M 进制码可以用于保护 m 进制数据的传输和存储[7]。考虑如何将汉明距离和码距的定义扩展到三进制码。你的定义应该保留以下两个属性：

（1）为了能够纠正 c 个错误，三进制码应该具有至少 $2c+1$ 的码距；

（2）为了能够检测 d 个错误，三进制码应该具有至少 $d+1$ 的码距。

5.9　证明，对于任意的 $n>1$，长度为 n 的奇偶校验码的码距为2。

5.10　（1）为4位二进制数据构造偶校验码。

（2）这个码的信息率是多少？

（3）假设收到的数据为［11010］，若有1位错误，则可能传输哪些码字？

5.11　绘制用于生成5位二进制数据的奇校验逻辑门电路，但仅限使用两个输入的逻辑门。

5.12　绘制用于校验5位二进制数据的奇校验逻辑门电路，但仅限使用两个输入的逻辑门。

5.13　（1）为 5×3 的数据块构造水平和垂直偶校验码。

（2）给出一个可以检测4个二进制位错误的码的例子。

（3）给出一个无法检测4个二进制位错误的码的例子。

（4）给出一个可以纠正2个二进制位错误的码的例子。

（5）给出一个无法纠正2个二进制位错误的码的例子。

5.14　如何概括三进制码奇偶性的概念？给出一个满足你要求的3位数据的三进制奇偶校验码的例子。

5.15　构造6位二进制数据的偶校验码的生成矩阵 $\boldsymbol{G}$ 和一致校验矩阵 $\boldsymbol{H}$。

5.16　构造3位二进制数据的三重码的生成矩阵 $\boldsymbol{G}$ 和一致校验矩阵 $\boldsymbol{H}$。

5.17　构造5位二进制数据的线性码的生成矩阵 $\boldsymbol{G}$ 和一致校验矩阵 $\boldsymbol{H}$，使其满足：

（1）检测一个错误。

（2）纠正一个错误。

（3）纠正一个错误并检测一个附加错误。

5.18　设 $\boldsymbol{H}$ 是一个 (n,k) 线性码的一致校验矩阵。证明只有当 $n\leqslant2^{n-k}-1$ 时，$\boldsymbol{H}$ 的每两列都是线性独立的。

5.19　证明，对于任意两个向量 $v, u \in V^n$，如果 v 和 u 都包含奇数个 1，且 $v \neq u$，则向量 $v \oplus u$ 包含偶数个 1，且大于 0。

5.20　用式（5.10）的生成矩阵绘制 $(7,4)$ 汉明码的奇偶生成器的逻辑门电路，但仅限使用两个输入的逻辑门。

5.21　（1）构建 11 位二进制数据汉明码的一致校验矩阵 H 和生成矩阵 G。

（2）为生成码的校验位编写逻辑方程。

5.22　构建 11 位二进制数据汉明码的字典序一致校验矩阵 H。

5.23　构建 11 位二进制数据扩展汉明码的一致校验矩阵 H 和生成矩阵 G。

5.24　求具有生成多项式 $1 \oplus x^2 \oplus x^3$ 的 $(7,4)$ 循环码 C 的生成矩阵，并证明 C 是汉明码。

5.25　求具有生成多项式 $1 \oplus x \oplus x^4$ 的 $(15,11)$ 循环码 C 的生成矩阵，并证明 C 是汉明码。

5.26　用生成多项式 $g(x) = 1 \oplus x^2 \oplus x^3$ 计算 $(7,4)$ 循环码的校验多项式。

5.27　（1）求 3 位二进制数据的偶校验码的生成多项式。

（2）求这一编码的校验多项式。

5.28　设 C 为 (n,k) 循环码，证明其生成多项式标量乘的移位无法检测长度为 $n-k+1$ 的突发错误。

5.29　设循环码由多项式 $g(x) = 1 \oplus x \oplus x^3$ 生成，若收到 $c(x) = 1 \oplus x \oplus x^4 \oplus x^5$，检测传输中是否出现错误。

5.30　设计一个实现乘以生成多项式 $g(x) = 1 \oplus x \oplus x^4$ 的 LFSR，并列出 4 位二进制数据 $d(x) = 1 \oplus x \oplus x^3$ 的状态表（类似表5.8）。

5.31　设计一个实现除以生成多项式 $g(x) = 1 \oplus x \oplus x^4$ 的 LFSR，并列出 8 位二进制码字 $c(x) = 1 \oplus x^3 \oplus x^4 \oplus x^5 \oplus x^6 \oplus x^7$ 的状态表（类似表5.9），$c(x)$ 是合法码字吗？

5.32　（1）用下面的生成多项式构造用于 CRC 解码的 LFSR。

$$\text{CRC} - 16: 1 \oplus x^2 \oplus x^{15} \oplus x^{16}$$

$$\text{CRC} - \text{CCITT}: 1 \oplus x^5 \oplus x^{12} \oplus x^{16}$$

可以在第一个多项式的 2~15 寄存器和第二个多项式的 5~12 寄存器之间使用 "…"，以使图更简洁。

（2）使用第一生成多项式编码数据 $1 \oplus x^3 \oplus x^4$。

（3）假设错误 $1 \oplus x \oplus x^2$ 被添加到上一步获得的码字中，该错误能否被检测到？

5.33 考虑图 5.15 所示的逻辑电路。检查该电路中单条线路的固定型故障是否可能导致输出向量 $[f_1f_2f_3]$ 出现双向误差。

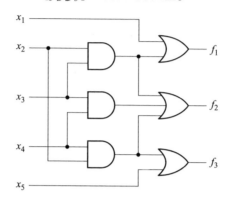

图 5.15 逻辑电路图，其中任何单点固定型故障都会在输出端产生单向误差

5.34 构造一个 3 位二进制数据的 Berger 码，它的码距是多少？

5.35 证明 Berger 码中的每对码字都是无序的。

5.36 假设我们知道 4 位二进制数据将永远不包含 [0000]，能否减少 Berger 码中所需的校验位数，并且仍然能够检测所有单向错误？

5.37 （1）构造一个 3 位二进制数据的 $3N$ 算术码。

（2）举出由这种码能检测到的故障例子和由这种码无法检测到的故障例子。

5.38 考虑如下码集：

$$
\begin{matrix}
0 & 0 & 0 & 1 & 1 & 1 \\
0 & 0 & 1 & 1 & 1 & 0 \\
0 & 1 & 0 & 1 & 0 & 1 \\
0 & 1 & 1 & 1 & 0 & 0 \\
1 & 0 & 0 & 0 & 1 & 1 \\
1 & 0 & 1 & 0 & 1 & 0 \\
1 & 1 & 0 & 0 & 0 & 1 \\
1 & 1 & 1 & 0 & 0 & 0
\end{matrix}
$$

（1）它是什么码？

（2）它是可分离码吗？

（3）它的码距是多少？

（4）它能检测或纠正什么样的错误？

（5）根据这一码集设计用于编码 3 位二进制数据的逻辑门电路，该电路应具有 3 个用于数据位的输入和 6 个用于码字位的输出。

（6）你建议如何对这一编码进行错误检测？

参考文献

［1］Anderson, D., Shanley, T.: Pentium Processor System Architecture, 2nd edn. Addison – Wesley, Reading (1995)

［2］Avižienis, A.: Arithmetic error codes: cost and effectiveness studies for application in digital system design. IEEE Trans. Comput. **20**(11), 1322 – 1331 (1971)

［3］Berger, J. M.: A note on an error detection code for asymmetric channels. Inform. Contr. **4**, 68 – 73 (1961)

［4］Berlekamp, E. R.: Nonbinary BCH decoding. In: International Symposium on Information Theory, San Remo, Italy (1967)

［5］Bryant, V.: Metric Spaces: Iteration and Application. Cambridge University Press, Cambridge (1985)

［6］De Micheli, G., Brayton, R., Sangiovanni – Vincentelli, A.: Optimal state assignment for finite state machines. IEEE Trans. Comput. Aided Des. Integr. Circ. Syst. **4**(3), 269 – 285 (1985)

［7］Dubrova, E.: Multiple – valued logic in VLSI: Challenges and opportunities. In: Proceedings of NORCHIP'99, pp. 340 – 350 (1999)

［8］Dubrova, E., Mansouri, S.: A BDD – based approach to constructing LFSRs for parallel CRC encoding. In: Proceedings of International Symposium on Multiple – Valued Logic, pp. 128 – 133(2012)

［9］Golomb, S.: Shift Register Sequences. Aegean Park Press, Laguna Hills (1982)

［10］Hamming, R.: Error detecting and error correcting codes. Bell Syst. Tech. J. **26**(2), 147 – 160(1950)

［11］Immink, K.: Reed – Solomon codes and the compact disc. In: S. Wicker, V. Bhargava (eds.) Reed – Solomon Codes and Their Applications, pp. 41 – 59. Wiley, New York (1999)

[12] Intel Corporation: Embedded Pentium processor family developer's manual (1998) http://download.intel.com/design/intarch/manuals/27320401.pdf

[13] Jha, N., Wang, S. J.: Design and synthesis of self – checking VLSI circuits. IEEE Trans. Comput. Aided Des. **12**, 878 – 887 (1993)

[14] Johnson, B. W.: The Design and Analysis of Fault Tolerant Digital Systems. Addison – Wesley, Reading (1989)

[15] Lala, P.: Self – Checking and Fault – Tolerant Digital Design. Morgan Kauffmann Publishers, Waltham (2001)

[16] Lavagno, L., Nowick, S.: Asynchronous control circuits. In: S. Hassoun, T. Sasao (eds.) Logic Synthesis and Verification, Lecture Notes in Computer Science, pp. 255 – 284. Kluwer Academic Publishers, Boston (2002)

[17] Lidl, R., Niederreiter, H.: Introduction to Finite Fields and their Applications. Cambridge University Press, Cambridge (1994)

[18] Mitra, S., McCluskey, E. J.: Which concurrent error detection scheme to choose? In: Proceedings of the 2000 IEEE International Test Conference, pp. 985 – 994 (2000)

[19] Murray, B.: Journey into space. NASA Historical Reference Collection, pp. 173 – 175 (1985)

[20] Peterson, W., Brown, D.: Cyclic codes for error detection. Proc. IRE **49**(1), 228 – 235 (1961)

[21] Peterson, W. W., Weldon, E. J.: Error – Correcting Codes, 2nd edn. MIT Press, London (1972)

[22] Pierce, J.: Optical channels: practical limits with photon counting. IEEE Trans. Commun. **26**(12), 1819 – 1821 (1978)

[23] Reed, I. S., Solomon, G.: Polynomial codes over certain finite fields. J. Soc. Ind. Appl. Math. **8**(2), 300 – 304 (1960)

[24] Sayers, I., Kinniment, D.: Low – cost residue codes and their application to self – checking vlsi systems. IEE Proc. Comput. Digit. Tech. **132**(4), 197 – 202 (1985)

[25] Shannon, C. E.: A mathematical theory of communication. Bell Syst. Tech. J. **27**, 379 – 423(1948)

[26] Smith, D. H., Hughes, L. A., Perkins, S.: A new table of constant weight codes of length greater than 28. Electron. J. Comb. **13**, A2 (2006)

[27] Stavinov, E. : A practical parallel CRC generation method. Feature Article, pp. 38 – 45 (2010)

[28] Strang, G. : Introduction to Linear Algebra, 4th edn. Wellesley – Cambridge Press, Wellesley (2009)

[29] Tang, D. T. , Woo, L. S. : Exhaustive test pattern generation with constant weight vectors. IEEE Trans. Comput. **C – 32**, 1145 – 1150 (1983)

[30] Tezzaron Semiconductor: Soft errors in electronic memory (2004). http: // www. tezzaron. com/about/papers/papers. htm

[31] United States Federal Standard 1037C: Telecommunications: Glossary of telecommunication terms. General Services Administration (1996)

[32] United States Postal Service: Domestic mail manual 708. 4 – special standards, technical specifications, barcoding standards for letters and flats (2010). http: // pe. usps. com/cpim/ftp/manuals/dmm300/708. pdf

[33] Wells, R. B. : Applied Coding and Information Theory for Engineers. Prentice – Hall, Englewood Cliffs (1998)

第 6 章　时间冗余

"失败只是重新开始的机会，而这次你会更加明智。"

——亨利·福特（Henry Ford）

硬件冗余会影响系统的尺寸、质量、功耗和成本，在某些应用中，使用额外的时间冗余比使用额外的硬件冗余更适合实现容限。在本章，我们将描述时间冗余技术，用于检测和纠正瞬态错误。我们还将展示怎样将时间冗余与一些编码方案结合，用来处理永久错误。

本章节按以下顺序编写：

（1）从瞬态错误的检查和纠正开始。

（2）讨论时间冗余如何应用于辨别瞬态与永久错误。

（3）考虑 4 种方法检测永久错误：交替逻辑、移位操作数再计算、交替操作数再计算和比较重复再计算。

6.1　瞬态错误

时间冗余包含两次（或更多次）重复计算或数据传输，并与预先存储的副本进行结果比对。

如果一个错误是瞬态的，那么存储的结果与再计算的结果是不同的。如果重复了两次（图6.1），这个错误就能检测到；如果重复了三次（图6.2），错误就能纠正。该表决技术类似硬件冗余中所使用的，能够用来选取正确的结果。

时间冗余也可以用于检测瞬态错误与永久错误，如果一个错误再次计算后就消失了，我们就可以假设其为瞬态错误。在这种情况下，不需要重新配置系统，或者更换受影响的硬件模块，可以保留运行，以节省资源。

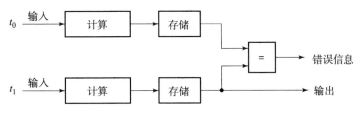

图 6.1　时间冗余用于检测瞬态错误

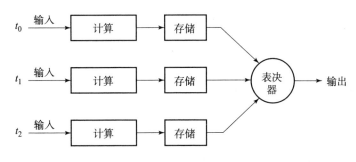

图 6.2　时间冗余用于纠正瞬态错误

时间冗余的最大困难是假设需要重复计算的数据存在系统中[4]，瞬态错误可能导致系统失效，但计算可能较为困难甚至不可重复。

6.2　永久错误

如果时间冗余与一些编码方式相结合，就可以用于检测和纠正永久错误。在本节，我们将提供 4 种冗余技术来应对永久错误：交替逻辑[7]、移位操作数再计算[6]、交替操作数再计算[2]和比较重复再计算[3]。

6.2.1　交替逻辑

交替逻辑是一种简单但很有效的时间冗余技术，可以被用在数据传输和逻辑电路的永久错误检测中[7]。

1. 数据传输

假设数据在并行总线上传输，如图 6.3 所示。在 t_0 时刻，原始数据开始传输。在 t_1 时刻，数据被补充并重发。比较两次收到的数据，检测它们是否按位互补，出现任何不一致都表明错误。这种结构能检测总线上所有单个（或多个）固定型故障。

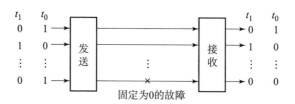

图 6.3　交替逻辑技术

举个例子，假设总线上发生了单个固定 0 故障，标记在图 6.3 上。假设传输的数据是 [10…1]，在 t_0 时刻，收到数据 [10…0]，在 t_1 时刻，收到 [01…0]，除最后一位外的所有位都与第一个字中相应位互补。所以，我们能够考虑固定 0 故障在最后的总线上发生了。

例 6.1　你推荐哪种编码模式与交替逻辑冗余结合去纠正总线所有的单固定型故障？

解：如果将传输数据字 $[d_0 d_1 \cdots d_{k-1}]$ 进行奇偶校验编码，单固定型故障能够纠正。举个例子，如果使用奇偶检验，那么结果编码字就为 $[d_0 d_1 \cdots d_{k-1} p]$，$p = d_0 \oplus d_1 \oplus \cdots \oplus d_{k-1}$。在 t_0 时刻，发送码字 $[d_0 d_1 \cdots d_{k-1} p]$；在 t_1 时刻，发送取反的码字 $[\bar{d}_0 \bar{d}_1 \cdots \bar{d}_{k-1} \bar{p}]$。

注意：$\bar{p}$ 是 p 的取反，而不是 $[\bar{d}_0 \bar{d}_1 \cdots \bar{d}_{k-1}]$ 的奇偶校验编码。例如，如果 k 是一个偶数，那么 $\bar{p}$ 就会把所有奇偶校验编码 $[\bar{d}_0 \bar{d}_1 \cdots \bar{d}_{k-1} \bar{p}]$ 变成奇数。

为了检查单固定型故障是否在总线上发生了，比较 d_i 和 $\bar{d}_i$ 以及 p 和 $\bar{p}$，其中对所有 $i \in \{0, 1, \cdots, k-1\}$。如果在某些对应位不一致，重新计算在 t_0 时刻发送的校验位；如果重新计算的校验位 p^* 与 p 不一致，那么错误就在 t_0 时刻发送的码字中，我们即可纠正那个发生不一致的码位。另外，如果 $p^* = p$，那么错误就在 t_1 时刻发送的码字中，再纠正那个发生不一致的码位即可。

注意：虽然我们能够纠正所有的奇数位多固定型故障，但在偶数位发生的多固定型故障时，使用这种方法无法纠正。

2. 逻辑电路

实施自对偶布尔函数，交替逻辑也可以用于检测逻辑电路中的永久错误。一个双布尔函数 $f(x_1, x_2, \cdots, x_n)$ 被定义为[5]

$$f_{\mathrm{d}}(x_1, x_2, \cdots, x_n) = \overline{f}(\overline{x}_1, \overline{x}_2, \cdots, \overline{x}_n)$$

例如，一个两变量和函数 $f(x_1, x_2) = x_1 \cdot x_2$ 是双重两变量或函数 $(x_1, x_2) = x_1 + x_2$，反之亦然。

一个布尔函数如果等于它的对偶，那么它就是自对偶的，如

$$f(x_1, x_2, \cdots, x_n) = f_{\mathrm{d}}(x_1, x_2, \cdots, x_n)$$

所以，当输入变量为 $(x_1, x_2, \cdots, x_n)$ 时，自对偶函数 f 的值与输入变量为 $(\overline{x}_1, \overline{x}_2, \cdots, \overline{x}_n)$ 时 f 的值互补。

自对偶函数的例子为和 s、进位输出 c_{out}，全加器输出函数。表 6.1 所示为其真值表，从表中可以容易地看到 $f(x_1, x_2, \cdots, x_n) = \overline{f}(\overline{x}_1, \overline{x}_2, \cdots, \overline{x}_n)$ 支持的两方的属性。

表 6.1　全加器的真值表

a	b	c_{in}	s	c_{out}
0	0	0	0	0
0	0	1	1	0
0	1	0	1	0
0	1	1	0	1
1	0	0	1	0
1	0	1	0	1
1	1	0	0	1
1	1	1	1	1

一个无故障的电路执行一个自对偶布尔函数，输入变量为 $(x_1, x_2, \cdots, x_n)$ 和 $(\overline{x}_1, \overline{x}_2, \cdots, \overline{x}_n)$，输出的值也是各自的补充。所以，如果一个电路有错误，则错误可以使用互补的输入变量及 $f(x_1, x_2, \cdots, x_n) = f(\overline{x}_1, \overline{x}_2, \cdots, \overline{x}_n)$ 来检测到。

例如，图 6.4 所示的电路是全加器的补充。带有交叉符号的固定 1 故障能够被一个输入变量为 $(a, b, c_{\mathrm{in}}) = (1, 0, 0)$ 及它的补码 $(0, 1, 1)$ 检测到。如果是一个无故障加法器，结果输出的值将会是 $s(1, 0, 0) = 1$，$c_{\mathrm{out}}(1, 0, 0) = 0$ 和 $s(0, 1, 1) = 0$，$c_{\mathrm{out}}(0, 1, 1) = 1$。但是，在用交叉符号标识的固定 1 故障出现的地方，我们得到 $s(1, 0, 0) = 1$，$c_{\mathrm{out}}(1, 0, 0) = 1$ 和 $s(0, 1, 1) = 0$，$c_{\mathrm{out}}(0, 1, 1) = 1$。由于 $c_{\mathrm{out}}(1, 0, 0) = c_{\mathrm{out}}(0, 1, 1)$，所以错误可以被检测出来。

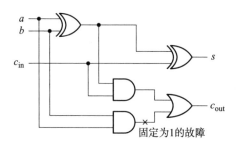

图 6.4 实现具有固定型故障的全加器的逻辑电路

任何非自对偶 n 变量布尔函数 $f(x_1,x_2,\cdots,x_n)$，都能够转换成自对偶 $n+1$ 变量的布尔函数，如下所示：

$$g_{sd}(x_1,x_2,\cdots,x_n,x_{n+1}) = x_{n+1}f(x_1,x_2,\cdots,x_n) + \bar{x}_{n+1}f_d(x_1,x_2,\cdots,x_n)$$

f_d 是 f 的对偶[1]。新的变量 x_{n+1} 是一个可控制的变量，决定着能否通过 f 及 f_d 的值得到 g_{sd} 的值。容易看出，这样的函数 g_{sd} 为补充的输入生成了补充的值。这种方法的缺点是电路的补充 g_{sd} 可能是电路补充 f 的两倍规模。

例 6.2 检测三取二表决输出函数是否为自对偶。

解： 检测函数 f 是否为自对偶，需要计算它的对偶函数 f_d，然后与 f 进行比较。

三取二表决输出函数能够被表达为

$$f(x_1,x_2,x_3) = x_1x_2 + x_1x_3 + x_2x_3$$

下一步，得出它的对偶函数：

$$
\begin{aligned}
f_d(x_1,x_2,x_3) = \bar{f}(\bar{x}_1,\bar{x}_2,\bar{x}_3) &= (\overline{\bar{x}_1\bar{x}_2 + \bar{x}_1\bar{x}_3 + \bar{x}_2\bar{x}_3})\\
&= (x_1 + x_2)(x_1 + x_3)(x_2 + x_3)\\
&= (x_1 + x_2)(x_1x_2 + x_1x_3 + x_2x_3 + x_3)\\
&= (x_1 + x_2)(x_1x_2 + x_3)\\
&= x_1x_2 + x_1x_3 + x_2x_3
\end{aligned}
$$

由于 $f=f_d$，因此三取二表决输出函数是自对偶的。

例 6.3 2 输入异或函数不是自对偶函数，将其转化为 3 个变量的自对偶函数。

解： 首先，计算函数 $f(x_1,x_2) = x_1 \oplus x_2$ 的对偶，即

$$f_d(x_1,x_2,x_3) = \bar{f}(\bar{x}_1,\bar{x}_2) = (\overline{\bar{x}_1 \oplus \bar{x}_2}) = (\overline{x_1 \oplus x_2})$$

然后，将异或函数变成 3 变量自对偶函数为

$$g_{sd}(x_1, x_2, x_3) = x_3(x_1 \oplus x_2) + \overline{x_3}(\overline{x_1 \oplus x_2})$$

表 6.2 所示为函数 g_{sd} 结果的真值表，从中能够容易地看出

$$g_{sd}(x_1, x_2, x_3) = \overline{g}_{sd}(\overline{x_1}, \overline{x_2}, \overline{x_3})$$

表 6.2　例 6.3 中构造的自对偶函数真值表

x_1	x_2	x_3	g_{sd}
0	0	0	1
0	0	1	0
0	1	0	0
0	1	1	1
1	0	0	0
1	0	1	1
1	1	0	1
1	1	1	0

6.2.2　修改操作数再计算

许多用于算术逻辑单元（Arithmetic Logic Units，ALUs）中进行位切片在线错误检测的时间冗余技术被提出，他们的基本想法是进行再计算前改变操作数，这样永久性错误会影响操作数的不同部位。举个例子，操作数可能被移位或者高低位被交换。在本节，我们将描述三种这样的技术：移位操作数再计算[6]、交换操作数再计算[2]和比较重复再计算[3]。

1. 移位操作数再计算

在移位操作数再计算时，在 t_0 时刻，进行原始数据的计算，在 t_1 时刻，操作数向左移，对移位的操作数重复计算，并将结果右移。将两次计算的结果进行比较。如果它们相同，就没有错误；否则，错误就发生了。这样的移位可以是 1 位（逻辑运算）或者 2 位（算术运算）[6]。

图 6.5 所示说明了逻辑运算的移位操作数再计算技术。A 和 B 是 k 位的操作数，R 是 A 与 B 逻辑运算的结果，$X^<$ 表示 X 的左移位。假设一个永久性错误发生在位片 i，在 t_0 时刻，这个错误影响到 r_i 位。在 t_1 时刻，A 与 B 被向左移动了一位，计算是在移位操作数中进行的。

因此，这个位片 i 的错误影响到了 r_{i-1}。当 R 被右移时，比较两次计算的

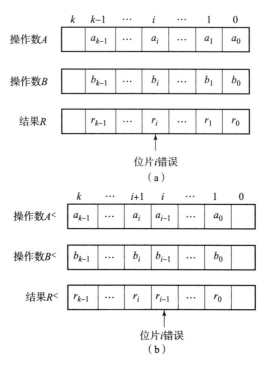

图 6.5　1 位左移的逻辑运算的移位操作数再计算技术

（a）t_0 时刻；（b）t_1 时刻

结果，在 r_i 或 r_{i-1} 处不一致，或者在两处都不一致，除非这个错误没有导致任何一个结果出错。

我们能够看到，1 位左移就能够检测任何一个位片中的永久错误。

例 6.4　移位操作数再计算被应用在按位异或的 8 位操作数 A 与 B 中。假设位片 3 被永久固定为 1（二进制位是从右开始算 0），如果 $A = [01101011]$ 和 $B = [01111000]$，计算两次计算结果的哪一位不一致。

解：A 没有错误，按位异或在 A 与 B 中会有这样的结果：

$$7\ 6\ 5\ 4\ 3\ 2\ 1\ 0$$
$$A = 0\ 1\ 1\ 0\ 1\ 0\ 1\ 1$$
$$B = 0\ 1\ 1\ 1\ 1\ 0\ 0\ 0$$
$$\overline{}$$
$$R = 0\ 0\ 0\ 1\ 0\ 0\ 1\ 1$$

由于位片 3 固定为 1，我们将结果使用 $R_{t_0} = [00011011]$ 代替。

在第 2 次计算中，将 A 与 B 左移 1 位，进行异或计算，得到 9 位结果。如果没有发生错误，能够得到

$$8\ 7\ 6\ 5\ 4\ 3\ 2\ 1\ 0$$
$$A = 0\ 1\ 1\ 0\ 1\ 0\ 1\ 1\ 0$$
$$B = 0\ 1\ 1\ 1\ 1\ 0\ 0\ 0\ 0$$
$$R = 0\ 0\ 0\ 1\ 0\ 0\ 1\ 1\ 0$$

同样代替后，得到［000101110］，经过向右移动 1 位，得到 8 位结果 $R_{t_1} =$ ［00010111］。我们能够看到 R_{t_0} 和 R_{t_1} 在 2 和 3 位不一致。

对于使用行波进位加法器进行加法等数学运算，为了保证能够检测任意单个位片的永久性错误，要求有 2 个二进制位移位。图 6.6 说明了这个，A 和 B 是两个 k 位二进制操作数，S 和 C 分别是 k 位二进制之和与进位。

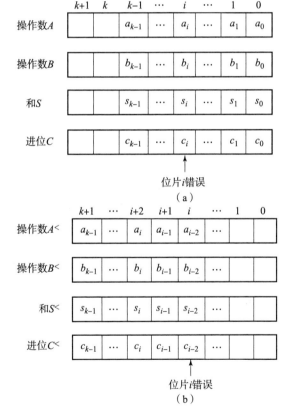

图 6.6　算术运算的移位操作数再计算技术

（a）t_0 时刻；（b）t_1 时刻

假设一个永久错误发生在位片 i，在 t_0 时刻，这个错误有以下 3 种可能的方式影响到 s_i 位和 c_i 位：

（1）和位错误，则不正确的结果与正确的结果相差 -2^i（当 $s_i = 0$ 时）或者 2^i（当 $s_i = 1$ 时）。

（2）进位错误，则不正确的结果和正确的结果相差 -2^{i+1}（当 $c_i = 0$ 时）或 2^{i+1}（当 $c_i = 1$ 时）。

（3）和位与进位都发生错误，则会有以下 4 种可能：

- $s_i = 0$ 且 $c_i = 0$，不正确的结果和正确的结果相差 -3×2^i；
- $s_i = 0$ 且 $c_i = 1$，不正确的结果和正确的结果相差 2^i；
- $s_i = 1$ 且 $c_i = 0$，不正确的结果和正确的结果相差 -2^i；
- $s_i = 1$ 且 $c_i = 1$，不正确的结果和正确的结果相差 3×2^i。

所以，如果操作数不移位，则错误结果与正确结果相差的值为下列 4 种之一：0、$\pm 2^i$、$\pm 3 \times 2^i$、$\pm 2^{i+1}$。

在 t_1 时刻，A 与 B 被左移两位，加法运算也在移位操作数中执行。所以，这个在位片 i 的错误有如下三种可能的方式影响到了 s_{i-2} 和 c_{i-2}：

（1）和位错误，则不正确的结果和正确的结果相差 -2^{i-2}（当 $s_i = 0$ 时）或 2^{i-2}（当 $s_i = 1$ 时）

（2）进位错误，则不正确的结果和正确的结果相差 -2^{i-1}（当 $c_i = 0$ 时）或 2^{i-1}（当 $c_i = 1$ 时）。

（3）和位与进位都发生错误，则会有 4 种可能：

- $s_i = 0$ 且 $c_i = 0$，不正确的结果和正确的结果相差 $-3 \times 2^{i-2}$；
- $s_i = 0$ 且 $c_i = 1$，不正确的结果和正确的结果相差 2^{i-2}；
- $s_i = 1$ 且 $c_i = 0$，不正确的结果和正确的结果相差 -2^{i-2}；
- $s_i = 1$ 且 $c_i = 1$，不正确的结果和正确的结果相差 $3 \times 2^{i-2}$。

所以，如果操作数被左移两位，则错误结果与正确结果相差的值为下列 4 种之一：0、$\pm 2^{i-2}$、$\pm 3 \times 2^{i-2}$、$\pm 2^{i-1}$。

我们能够看到，错误结果不同于正确结果的集合在两次计算中只有一个元素相同，这个元素是 0。因此，S 和 C 被右移 2 位，并对两个结果进行比较，除非它们都是正确的，否则它们一定不同。

现在，让我们分析一下为什么 1 位左移位不足以确保检测出加法运算的所有错误。假设用只左移 1 位代替左移 2 位，假设在 t_1 时刻进位错误，接着，这个在位片 i 的错误将导致 c_{i-1} 的值改变 -2^i（当 $c_i = 0$ 时）或 2^i（当 $c_i = 1$ 时）。但是，在 t_0 时刻进行计算的错误结果可能也与正确结果之间相差 $\pm 2^i$。如果在和位 s_i 发生错误，那么这种情况就发生了。所以，当 S 和 C 右移 1 位，比较两次结果，它们是相同的，尽管它们不正确。所以，这样的错误是检测不出的。

例 6.5　一家公司生产的由位片组织生成的算术逻辑单元，在数学运算中采用移位操作数再计算来检测永久错误。但是，设计人员误解了需求和应用，采用 1 位左移代替了 2 位左移。假设，操作数是 8 位，位片 3 固定为 0。检查在加法运算中，当操作数 $A = [01100011]$ 和 $B = [00010010]$ 时，错误是否会被检测到。假设使用行波进位加法器。

解： 在 t_0 时刻，未发生错误的加法运算结果如下：

$$
\begin{array}{l}
\qquad 7\,6\,5\,4\,3\,2\,1\,0 \\
A = 0\,1\,1\,0\,0\,0\,1\,1 \\
\underline{B = 0\,0\,0\,1\,0\,0\,1\,0} \\
C = 0\,0\,0\,0\,0\,0\,1\,0 \\
S = 0\,1\,1\,1\,0\,1\,0\,1
\end{array}
$$

位片 2 固定为 0，得到 $S_{t_0} = [01110001]$。未发生错误 C 的第 2 位是 0，所以 C 没有变。

在第 2 次计算时，我们将 A 与 B 左移 1 位，将得到的 9 位向量相加。如果这里没有发生错误，我们就能够得到

$$
\begin{array}{l}
\qquad 8\,7\,6\,5\,4\,3\,2\,1\,0 \\
A^< = 0\,1\,1\,0\,0\,0\,1\,1\,0 \\
\underline{B^< = 0\,0\,0\,1\,0\,0\,1\,0\,0} \\
C^< = 0\,0\,0\,0\,0\,0\,1\,0\,0 \\
S^< = 0\,1\,1\,1\,0\,1\,0\,1\,0
\end{array}
$$

但是，位片 2 中的错误将进位更改为 $C_{t_1}^< = [000000000]$。因此，和变为 $S_{t_1}^< = [011100010]$。将向量右移 1 位，得到 $S_{t_1} = [01110001]$。由此可知，$S_{t_0} = S_{t_1}$。因此，错误没有被检测到。

移位再计算技术需要以下额外的硬件：3 个移位寄存器（向左移位两个操作数，向右移位第 2 个计算的结果）；第 1 个计算结果的存储寄存器、比较器，以及移位操作数所需的算术逻辑运算单元中的附加位。此外，在额外的寄存器（或比较器）中可能发生的错误将不会被检测到。下一节介绍的技术试图减少修改操作数所需的额外硬件数量。

2. 交换操作数再计算

在使用交换操作数再计算时，两个操作数都被分成两半。进行第 1 次计

算，操作数照常处理。第 2 次计算是在交换操作数的上半部分和下半部分的情况下执行的。当计算完成后，将结果的上下半部分交换回来，并比较两种计算方式的结果，如果结果不一致，表示产生错误[2]。

使用交换操作数再计算技术，可以在逻辑和算术操作中检测任意位片的永久错误。图 6.7 说明了逻辑操作数的情况，A 和 B 是两个 k 位操作数，R 是 A 和 B 进行逻辑运算的结果，其中 k 是偶数，X^* 表示上下半部分交换的向量 X。假设操作数下半部分包含从 0 到 r 的位，上半部分包含从 $r+1$ 到 $k-1$ 的位（$r = k/2 - 1$），假设在操作数的下半部分的某个位片 i 发生了永久性错误（$i \in \{0, 1, \cdots, r\}$）。在第一次计算中，此错误影响了 r_i 位。在 t_1 时刻，交换操作数的两部分，并对交换了的操作数执行计算，因此位片 i 中的错误影响位 r_{i+r+1}。当结果 R 的上半部分和下半部分交换回来，比较两次计算的结果时，它们要么在 r_i 位不一致，要么在 r_{i+r+1} 位不一致，或者二者都不一致，除非不会在两个结果中都导致错误。

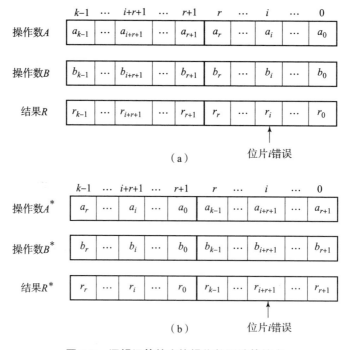

图 6.7　逻辑运算的交换操作数再计算技术

(a) t_0 时刻；(b) t_1 时刻

如果在操作数上半部分位片 i 中发生错误，即 $i \in \{r+1, r+2, \cdots, k-1\}$。然而在第 2 次计算中，该错误影响 r_{i-r-1} 位。因此，当右移 R 并比较 R 和 R^*

时，它们在 r_i 或 r_{i-r-1} 或两个位中都不一致，除非它们是正确的。

正如我们所看到的，在这两种情况下，任何一个位片上的永久错误都会被检测到。

例 6.6 应用交换操作数再计算来执行 8 位操作数 A 和 B 按位与操作。假设，位片 4 永久固定为 1，如果 $A=[11100111]$ 和 $B=[01101111]$，检查两个计算结果不一致的位。

解：未发生错误的 A 和 B 按位与操作将产生如下结果：

$$7\ 6\ 5\ 4\ 3\ 2\ 1\ 0$$
$$A=1\ 1\ 1\ 0\ 0\ 1\ 1\ 1$$
$$B=0\ 1\ 1\ 0\ 1\ 1\ 1\ 1$$
$$\overline{}$$
$$R=0\ 1\ 1\ 0\ 0\ 1\ 1\ 1$$

位片 4 固定为 1，得到 $R_{t_0}=[0111011]$，在第 2 次计算时，交换 A 和 B 的上半部分和下半部分，然后对得到的向量进行与运算，如果没有错误，即得到 $R_{t_1}^*=[01110110]$。由于位片 4 中的错误值与位 r_0 的正确值相同，此错误不会导致错误。将上半部分和下半部分交换回来，得到 $R_{t_1}=[01100111]$，可以看到 R_{t_0} 和 R_{t_1} 的第 4 位不一致。

交换操作数再计算技术还可以检查算术运算过程中任意位片的永久性错误，考虑一个 k 位操作数（k 为偶数）的位片行波进位加法器，假设在位片 i 发生了永久错误，进行类似移位操作数情况下的重新计算分析，可以确定，在 t_0 时刻，错误的结果与正确的结果之间的值为以下 4 种之一：0、$\pm 2^i$、$\pm 3 \times 2^i$、$\pm 2^{i+1}$。

在 t_1 时刻，加法操作数进行上下部分交换。多路复用器用于加法器的上下部分之间的切换进位。对于 $r=k/2-1$，假设操作数的下半部分包含从 0 到 r 的位，上半部分包含从 $r+1$ 到 $k-1$ 的位。如果 $i \leqslant r$，则位片 i 中的错误以以下 3 种可能的方式之一影响位 s_{i+r+1} 和 c_{i+r+1}：

（1）和位错误，则错误的结果与正确的结果相差 -2^{i+r+1}（当 $s_i=0$ 时），或者 2^{i+r+1}（当 $s_i=1$ 时）。

（2）进位错误，则错误的结果与正确的结果相差 -2^{i+r+2}（当 $c_i=0$ 时），或者 2^{i+r+2}（当 $c_i=1$ 时）。

（3）和位与进位都发生错误，则有以下 4 种可能：

$s_i=0$ 且 $c_i=0$，不正确的结果和正确的结果相差 $-3 \times 2^{i+r+1}$；

$s_i=0$ 且 $c_i=1$，不正确的结果和正确的结果相差 2^{i+r+1}；

$s_i = 1$ 且 $c_i = 0$，不正确的结果和正确的结果相差 -2^{i+r+1}；

$s_i = 1$ 且 $c_i = 1$，不正确的结果和正确的结果相差 $3 \times 2^{i+r+1}$。

所以，如果操作数的上下部分交换，则错误的结果与正确的结果相差的值为以下 4 种之一：0、$\pm 2^{i+r+1}$、$\pm 3 \times 2^{i+r+1}$、$\pm 2^{i+r+2}$。

类似的，我们可以证明，如果 $i > r$，则错误的结果与正确的结果相差的值为以下 4 种之一：0、$\pm 2^{i-r-1}$、$\pm 3 \times 2^{i-r-1}$、$\pm 2^{i-r}$。

我们可以看到，错误结果的一组值与正确结果的一组值只有元素 0 是相同的。因此，当 S 的上半部分和下半部分交换回来并比较两个和时，除非两者都正确，否则它们是不同的。

例 6.7 采用交换操作数再计算，保护行波进位加法器不受永久错误的影响，如果操作数的和错误与例 6.5 相同，则检测两个加法结果不一致的位。

解：在 t_0 时刻，我们得到与例 6.5 相同的结果，记作 $S_{t_0} = [01110001]$。

在第 2 次计算时，交换 A 和 B 的上半部分和下半部分并对结果向量进行加法运算。未发生错误的加法结果：

$$
\begin{array}{l}
\quad\quad 7\,6\,5\,4\,3\,2\,1\,0 \\
A^* = 0\,0\,1\,1\,0\,1\,1\,0 \\
B^* = 0\,0\,1\,0\,0\,0\,0\,1 \\
\hline
C^* = 0\,0\,1\,0\,0\,0\,0\,0 \\
S^* = 0\,1\,0\,1\,0\,1\,1\,1
\end{array}
$$

然而，位片 2 中的错误将结果改变为 $S_{t_1}^* = [01010011]$。在将它的上半部分和下半部分交换回来以后，得到 $S_{t_1} = [00110101]$。因为 S_{t_0} 和 S_{t_1} 不一致，错误被检测出来。

使用交换操作数再计算需要以下额外的硬件：多路复用器、存储第一次计算结果的存储寄存器、比较器。其中，多路复用器用于执行操作数的上半部分和下半部分的交换，并在交换操作数的上、下半部分时在加法器的上、下半部分之间的进位进行切换。由于多路复用器比移位寄存器简单，所以交换操作数再计算的硬件开销比移位操作数再计算要小。下一节介绍的技术将进一步减少硬件的开销。

3. 比较重复再计算

比较重复再计算中，操作数被分成两部分。首先，对复制的下半部分进行计算，并对结果进行比较，将结果保存起来表示最终结果的下半部分。然后，对操作数的上半部分重复相同的步骤。这样的技术允许在逻辑和算术操作数中检测任何单个位片的永久错误[3]。

图 6.8 说明了逻辑操作的情况，A 和 B 是两个 k 位操作数，R 是对 A 和 B 进行逻辑运算的结果，其中 k 是偶数，令 $AL(AU)$、$BL(BU)$、$RL(RU)$ 分别表示 A、B、R 的下（上）半部分。假设操作数的下半部分包含从 0 到 r 的位，上半部分包含从 $r+1$ 到 $k-1$ 的位，其中 $r = k/2 - 1$。假设某个位片 $i \in \{0, 1, \cdots, k-1\}$ 发生永久错误。在第 1 次计算中，此错误影响结果的下半部分之一的 r_i 位，通过比较两个下半部分，错误被检测出来。

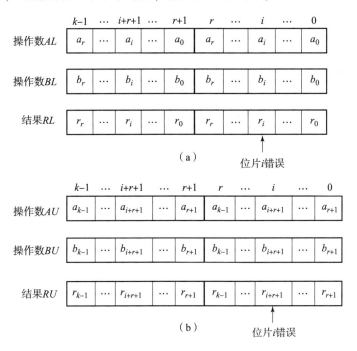

图 6.8　逻辑运算的比较重复再计算技术

（a）t_0 时刻；（b）t_1 时刻

在 t_1 时刻，对操作数的上半部分进行重复操作，位片 i 中的错误影响上半部分之一的 r_{i+r+1} 位，通过比较上半部分，可以检测到这个错误。可以看出，采用这样的方法，我们能够检测出任意单个位片的错误。

例 6.8　使用重复比较的方法对 k 位操作数 A 和 B 执行按位或计算。假设位片 0 和 $k/2-1$ 固定为 0，对于任意 A、B 和偶数 k，是否会检测到这样的故障？用 $A = [11100111]$，$B = [0110111]$，$k = 8$ 来说明你的答案。

解：任何影响在最终结果的下半部分或上半部分的多个位片的错误（但

不是两个都有）都可以使用比较重复再计算技术检测到。因为位片 0 和 $k/2-1$ 都是属于最终结果的下半部分，可以检测到影响这两个位片的错误。

例如，考虑 $A = [11100111]$，$B = [01101111]$，$k = 8$。假设位片 0 和 3 永久固定在 0 上，在第 1 次计算中，对 A 和 B 的重复下半部分执行按位或计算时，无错误发生的操作将产生如下结果：

$$7\ 6\ 5\ 4\ 3\ 2\ 1\ 0$$
$$AL = [0\ 1\ 1\ 1][0\ 1\ 1\ 1]$$
$$BL = [1\ 1\ 1\ 1][1\ 1\ 1\ 1]$$
$$RL = [1\ 1\ 1\ 1][1\ 1\ 1\ 1]$$

位片 0 和 3 固定在 0 的错误将结果变为 [1111] [0110]，通过对比 [1111] [0110]，我们发现了不一致，检测到了错误。

同样地，在第 2 次计算过程中，在 A 和 B 的上半部分重复执行按位或计算，无错误发生的操作将产生如下结果：

$$7\ 6\ 5\ 4\ 3\ 2\ 1\ 0$$
$$AU = [1\ 1\ 1\ 0][1\ 1\ 1\ 0]$$
$$BU = [0\ 1\ 1\ 0][0\ 1\ 1\ 0]$$
$$RU = [1\ 1\ 1\ 0][1\ 1\ 1\ 0]$$

位片 0 和 3 固定在 0 的错误将结果变为 [1110] [0110]，通过对比 [1110] [0110]，我们发现了不一致，检测到了错误。

以类似的方式，可将比较重复再计算应用于算术运算。例如，假设加法是使用带有行波进位加法器来执行的。首先，加法器的上半部分和下半部分用于计算操作数的下半部分之和，多路复用器用于选择合适的一半操作数和处理加法器边界上的进位，将结果进行比较，并存储其中一个结果来表示最终的下半部分，第 2 个加法是在操作数的上半部分进行的。其次，加法器的上下半部分用来计算和，第 1 次加法的输出进位被添加到加法器的两个部分，将结果进行比较，其中一个用于表示最终和的上半部分。

假设位片 i 出现了一个单独的错误，在第 1 次运算时，这个错误只影响最终和的下半部分。通过比较最终和的两个下半部分，可以检测出错误。类似的，在第 2 次计算时，错误只影响最终和的上半部分，通过比较最终和的上半部分，可以检测出错误。

例 6.9 采用比较重复再计算的方法对 k 位全加器进行保护，以防止其发生永久错误，其中 k 是偶数，假设 i 和 $i+k/2+1$ 位片发生永久错误，$i \in \{0,$

$1, \cdots, k/2 - 1$。对于任意的 A、B 和 k，能够检测出这样的错误吗？用 $A = [10110010]$，$B = [00011011]$，$k = 8$ 的例子来说明你的答案。

解：如果位片的进位 i 是错误的，错误可能传播在位片 $i + 1$ 中的和位，由于位片 $i + k/2 + 1$ 中的错误影响了位片 $k/2 + 1$ 中的和，最终和的两部分都可能以相同的方式受影响。因此，如果位片 i 和 $i + k/2 + 1$ 都有错误，则可能无法检测到此类错误。

例如，考虑 $A = [10110010]$，$B = [00011011]$ 和 $k = 8$ 的情况，假设位片 1 和 6 永久固定为 0，在第 1 次计算中，将 A 和 B 的下半部分重复相加，没有错误的加法结果如下：

$$
\begin{array}{r}
7\ 6\ 5\ 4\ 3\ 2\ 1\ 0 \\
AL = [0\ 0\ 1\ 0][0\ 0\ 1\ 0] \\
BL = [1\ 0\ 1\ 1][1\ 0\ 1\ 1] \\
\hline
CL = [0\ 0\ 1\ 0][0\ 0\ 1\ 0] \\
SL = [1\ 1\ 0\ 1][1\ 1\ 0\ 1]
\end{array}
$$

由于位片 1 和 6 固定为 0，得到

$$
CL_{t_0} = [0\ 0\ 1\ 0][0\ 0\ 0\ 0]
$$
$$
SL_{t_0} = [1\ 0\ 0\ 1][1\ 0\ 0\ 1]
$$

由于 SL_{t_0} 的两个部分是相同的，所以没有检测到故障。

在第 2 次计算中，将复制的 A 和 B 的上半部分相加，没有错误的加法结果如下：

$$
\begin{array}{r}
7\ 6\ 5\ 4\ 3\ 2\ 1\ 0 \\
AU = [1\ 0\ 1\ 1][1\ 0\ 1\ 1] \\
BU = [0\ 0\ 0\ 1][0\ 0\ 0\ 1] \\
\hline
CU = [1\ 0\ 1\ 1][1\ 0\ 1\ 1] \\
SU = [0\ 1\ 0\ 0][0\ 1\ 0\ 0]
\end{array}
$$

由于位片 1 和 6 固定为 0，得到

$$
CU_{t_1} = [1\ 0\ 1\ 1][1\ 0\ 0\ 1]
$$
$$
SU_{t_1} = [0\ 0\ 0\ 0][0\ 0\ 0\ 0]
$$

因为 SU_{t_1} 的两半是一样的，所以没有检测到错误。

注意：同一个比较器两次用于比较和的两部分，以及从加法器的最显著位开始执行的错误，这种比较器的大小几乎是移位操作数和交换操作数技术中使用的比较器的两倍。类似的，存储寄存器只存储结果的一半，因此其大小是其他两种技术使用的存储器的两倍。总的来说，使用比较复制再计算技术的硬件开销是其他两种技术的两倍多[4]。

6.3 小结

在本章中，我们研究了可用于瞬态和永久错误检测或校正的时间冗余技术，并讨论了每种方法的优缺点。

思考题

6.1 给出三个应用中的例子，其中时间没有硬件重要。

6.2 检查例 6.1 中描述的技术，可用于瞬态错误的校正，举例说明你的答案。

6.3 检查布尔函数 $f(x_1, x_2, x_3) = x_1x_2 + \bar{x}_3$ 是否为自对偶的，展示它的真值表来证明你的答案。

6.4 例 6.2 展示了 3 取 2 多数表决输出函数是自对偶的，图 6.9 所示为 3 取 2 多数表决逻辑电路，查找一个输入赋值，该赋值检测标记为叉号的固定 1 故障。

6.5 检查 5 取 3 多数表决输出函数是否是自对偶的。

6.6 将 2 输入与门转换为 3 变量的自对偶函数。

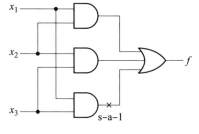

图 6.9 实现 3 取 2 多数表决的具有固定型故障的逻辑电路

6.7 将 3 输入异或门转换为 4 变量的自对偶函数。

6.8 采用移位操作数再计算，以保护 k 位行波进位加法器不发生永久错误。使用 2 位左移，假设在位片 i 和 $i + k/2 + 1$ 发生了永久错误，$i \in [0, 1, \cdots, k/2 - 1]$。对于任何 A、B 和 k，会检测到这样的错误吗？用一些操作数 A、B 以及 $k = 8$ 来说明你的答案。

6.9 对于故障影响两个相邻二进制位 i 和 $i + 1$，$i \in [0, 1, \cdots, k - 2]$ 的情况下，考虑思考题 6.8。

6.10 考虑思考题 6.8，应用交换操作数再计算。

6.11 考虑思考题 6.9，应用交换操作数再计算。

6.12 应用移位操作数再计算，对 k 位操作数 A 和 B 执行按位或运算。

假设位片 0 和 $k/2-1$ 永久固定为 0，对于任何 A、B 和 k，会检测到这样的错误吗？用一些操作数 A、B 和 $k = 8$ 来说明你的答案。

6.13 应用交换操作数再计算重新计算思考题 6.12。

6.14 如果使用的是 3 位左移而不是 2 位左移，则检查使用移位操作数再计算能否检测 k 位行波进位加法器的任何一个位片中的永久错误。用在 2 位左移的情况下使用相同的推理来证明你的答案。

6.15 如果使用 1 位右移而不是 1 位左移，则检查使用移位操作数再计算能否检测逻辑操作的任何位片中的永久错误，用在 1 位左移的情况下使用相同的推理来证明你的答案。

6.16 在 k 位操作数 A 和 B 上按位异或运算时，采用比较重复再计算的方法，其中 k 为偶数，假设位片 0 和 $k/2$ 永久固定为 1，对于任意的 A、B 和 k 会检测到这样的错误吗？用 $A = [10100111]$，$B = [01101110]$ 和 $k = 8$ 来说明你的答案。

6.17 假设将比较重复再计算的方法修改为使用比较三重方法进行重新计算，如下所示：k 位操作数被分为 3 个相等的部分（假设 k 是 3 的倍数）。对 3 部分重复操作 3 次，由多数表决正确的结果。这种技术能够纠正任何一个位片中的永久错误吗？例如：(a) 逻辑运算；(b) 算术运算（如使用行波进位加法器进行加法运算）。

6.18 修改交换操作数再计算技术，使其能够纠正任何位片中的永久错误。例如：(a) 逻辑操作数；(b) 加法操作（假设使用行波进位加法器）。请提出你的建议。

参考文献

[1] Biswas，N. N.：Logic Design Theory. Prentice Hall，Upper Saddle River (1993)

[2] Johnson，B.：Fault－tolerant microprocessor－based systems. IEEE Micro **4** (6)，6－21 (1984)

[3] Johnson，B.，Aylor，J.，Hana，H.：Efficient use of time and hardware redundancy for concurrent error detection in a 32－bit VLSI adder. IEEE J. Solid－State Circuits **23**(1)，208－215 (1988)

[4] Johnson，B. W.：The Design and Analysis of Fault Tolerant Digital Systems. Addison－Wesley，New York (1989)

[5] Kohavi, Z. : Switching and Automata Theory, 2nd edn. McGraw – Hill, New York (1978)

[6] Patel, J. , Fung, L. : Concurrent error detection in ALU's by recomputing with shifted operands. IEEE Trans. Comput. $C-31(7)$, 589 – 595 (1982)

[7] Reynolds, D. , Metze, G. : Fault detection capabilities of alternating logic. IEEE Trans. Comput. $C-27(12)$, 1093 – 1098 (1978)

第7章 软件冗余

> "程序永远也不会比一位把系统想得最周到的程序员做得好。"
>
> ——罗素·艾博特（Russel Abbot）

软件故障容限技术可以分为两类：单版本技术和多版本技术[36]。单版本技术通过添加用于故障检测、抑制和恢复的机制来改善软件部件的故障容限属性。多版本技术则是利用遵循设计多样性规则开发的软件部件进行冗余来达到容错的。

与硬件情况一样，必须验证各种选择并确定必须在哪个级别以及哪些模块提供冗余设计机制。冗余可以应用于进程、程序或整个软件系统。通常，具有最低可靠性的部件是多余的。需要注意的是，除非以适当的方式分配冗余资源，否则由冗余引起的复杂度的增加可能非常严重，并有可能降低可靠性的提高。

本章的结构如下：

（1）分析硬件和软件系统之间的差异。

（2）描述在软件中用于故障检测、故障抑制和故障恢复的常见的单版本技术。

（3）研究主要的多版本技术：恢复块、N 版本编程技术（NVP）和 N 自检编程技术（NSCP）。继续讨论设计多样性的重要性。

（4）简要介绍软件测试和常见测试覆盖率指标。

7.1 软件与硬件

通常，软件领域的故障容限不像硬件领域的故障容限那样容易理解和成熟。对于硬件，假设部件的故障是独立的事件，从而简化了可靠性评估。然而，对软件使用这样的假设通常是不现实的，其中模块的故障往往联系紧密[12]。

在一个模块中执行的运算通常直接或间接地与其他模块执行的运算相关。因此，一个模块结果中的错误会影响到其他模块的结果。可靠性是否可以作为软件可信性的衡量标准，一直存在争议。软件不会随着时间退化，软件失效主要是由于输入的序列激活了规格说明或设计错误。因此，如果软件中存在故障，它将在相关条件初次出现时显现出来。这使软件模块的可靠性依赖随着时间向模块输入的环境。不同的环境可能会导致不同的可靠性值。阿丽亚娜 5 火箭事故就是一个例子，说明一个对阿丽亚娜 4 运行环境安全的软件，可以在新环境中造成灾难[30]。

当前，许多软件故障容限技术类似于硬件冗余方案，如 N 版编程技术类似于 N 模块化硬件冗余，N 自检编程技术接近于热备份冗余。然而，软件在本质上不同于硬件，传统的硬件容错技术首要是为了缓解永久性部件故障，其次是为了缓解由环境因素引起的瞬态故障[3]。它们对软件中占主导地位的设计错误不能提供足够的保护[33]。显然，不能通过将软件模块简单重复 3 次并表决的方法来容限软件模块中的错误，因为所有副本都有相同的错误。相反，每个冗余模块必须以不同的方式重新实现。

软件比硬件要复杂得多。例如，美国大多数商用飞机所需的防撞系统有 1 040 个状态[23]。如果各个状态显示出硬件的那种规律性，那么大量的状态就不会成为问题。不幸的是，软件非常不规则。因此，不能通过将状态分组到等价类来减少其中的状态数。这意味着只有软件系统的很小一部分的正确性可以得到验证，即使质量最好的软件系统，每 1 000 行未注释代码也会出现 3.3 个错误[38]。传统的测试和调试方法[22]在本质上是缓慢且不可扩展的。它们通常无法覆盖全部的功能性例化，也无法发现非常难发现的错误，这些错误可能仅在数十万次循环后才会发生（如英特尔奔腾浮点除错误[41]）。虽然形式化方法可能带来更高的覆盖率，但由于它们大量计算的复杂性，仅适用于特定应用[50]。由于验证的不完整，许多软件中的设计缺陷仍然未被发现，从而造成严重事故的风险。例如，Therac-25 放射治疗机被过量使用[28]；英国驱逐舰谢菲尔德号被一枚法国制造的 Exocet 导弹击沉，而被误以为是一枚自己的导弹[29]；阿丽亚娜 5 火箭爆炸[30]；"挑战者"号航天飞机解体[14]。

7.2　单版本技术

单版本技术为软件增加了许多在无故障环境中不需要的功能。软件开发人员修改软件结构及其功能，以允许检测和定位故障，并防止错误在系统中传播。在本节，我们将介绍软件系统中用于故障检测、故障抑制和故障恢复的常用技术。

7.2.1 故障检测技术

与硬件一样，软件中的故障检测的目标是确定系统内是否发生了故障。单版故障容限技术通常使用各种类型的验收测试来检测故障。如果结果通过测试，程序将继续执行；如果测试失败，则表示存在故障。如果可以快速检查，则测试最有效。如果测试花费的时间与程序几乎相同，那么最好创建程序的不同版本，并比较两个版本的结果。验收测试的另一个理想特性是应用独立性。如果可以根据独立于应用程序的标准开发测试，则可以在其他应用程序中重复使用。

现有的验收测试技术包括时序检查、编码检查、逆向检查、合理性检查和结构检查[27]。

时序检查适用于规范时序约束的程序。基于这些约束，可以开发检查用例来指示实际与预期的偏差。看门狗定时器是时序检查的一个例子。看门狗定时器可用于监视程序的性能并检测未运行或被锁定的模块。

编码检查适用于数据可以被编码的程序。例如，如果信息只是从一个模块传输到另一个模块，而不修改其内容，那么可以使用诸如 CRC 之类的循环码。算术码可用于检测算术运算中的错误。

在某些程序中，可以反过来通过输出值来计算相应的输入值。在这种情况下，可以应用逆向检查。逆向检查将程序的实际输入与计算所得的输入进行比较，如果不同，则表明存在错误。

合理性检查使用数据的语义属性来检测故障。例如，可以通过上溢或下溢特性来检查数据的取值范围，以指示与系统要求的偏差。

结构检查基于数据结构的已知属性。例如，可以计算列表中的许多元素，或者验证链接和指针。通过向数据结构中添加冗余数据，可以更有效地进行结构检查。例如，附加列表中项目数量的计数，或者添加额外的指针[9]。

7.2.2 故障抑制技术

软件中的故障抑制可以通过修改系统的结构和强加一组限制来实现，这些限制限定了哪些操作在系统中是允许的。软件中常用的故障抑制技术有：模块化、分区、系统闭合和原子操作。

模块化试图通过将系统分解为模块、消除共享资源来防止故障的扩散，并限制模块之间的通信量，以便仔细监控消息[46]。在执行模块化之前，检查可见性和连接参数，以确定哪个模块具有导致系统故障的最高可能性[42]。模块的可见性可由模块直接（或间接）调用的模块集来表征。模块的连接性由模块直接调用（或被模块调用）的一组模块来描述。

通过将软件系统的模块层次结构在水平（或垂直）方向上进行划分，可以实现功能独立的模块间的隔离。水平分区将主要的软件功能分成独立的分支。使用控制模块完成功能执行和分支之间的通信。垂直分区在自顶向下的层次结构分发控制和处理功能。高级模块通常集中于控制功能，而低级模块则执行处理[42]。

另一种用于软件故障抑制的技术是系统闭合。该技术基于的原则为：除非明确授权，否则不允许采取任何操作[17]。系统的任何组件仅被授予执行其功能所需的最小能力。在一个有许多限制和严格控制的环境中（如在监狱中），系统各组成部分之间的所有交互都是可见的。因此，抑制任何故障就变得容易多了。

有一种用于故障抑制的替代技术，是使用原子操作来定义系统部件之间的交互。一组部件之间的原子操作是部件彼此间专门交互的活动[27]，在此期间，与系统的其他部分没有交互。在原子操作中，参与部件和系统中的非参与部件既不导入也不导出任何类型的信息。原子操作有两种可能的结果：要么正常终止；要么在故障检测时中止。如果原子操作正常终止，则其结果将是正确的。如果检测到故障，则此故障仅影响参与的部件。因此，故障限制区域被很好地定义，且故障恢复仅限于原子操作的部件。

7.2.3　故障恢复技术

一旦故障被检测到并被抑制，系统就会尝试从故障状态恢复并重新获得运行状态。如果故障检测和抑制机制实施得当，那么故障的影响就会包含在故障检测时的特定模块组中。了解故障抑制区域对于设计有效的故障恢复机制至关重要。

在本节，我们将讨论软件系统中两种常见的故障恢复技术：检查点、重启和进程对。我们还将描述启动故障恢复的典型机制——异常处理。

7.2.3.1　异常处理

在许多软件系统中，启动故障恢复的请求是由异常处理发出的。异常处理是处理异常情况的正常操作中断[16]。异常情况的例子有：超出范围的输入值；内存损坏；空指针；未定义状态；等等。如果这些情况没有得到妥善处理，它们有可能导致系统故障。由异常情况引起的故障，估计会导致 2/3 的系统崩溃和 50% 的系统安全问题[35]。传统的软件工程技术（如软件测试[37]），可以检测并指示一些异常情况，但不可能涵盖大型软件系统中的所有情况。在软件无法轻松修复（或替换）的嵌入式系统中，异常处理尤为重要[34]。

触发软件模块异常的可能事件可以分为以下 3 类[43]：

（1）当模块检测到无效的服务请求时，会通过模块发出接口异常信号。此类异常由请求服务的模块来处理。

（2）当模块的故障检测机制在其内部操作中发现故障时，模块会发出本地异常信号。这种类型的异常由故障模块处理。

（3）当模块检测到其故障恢复机制无法成功恢复时，将通过模块发出故障异常信号。这种类型的异常由系统处理。

7.2.3.2　检查点和重启

单版本软件故障容限最常见的一种故障恢复机制是检查点和重启[15]。如前所述，大多数软件故障都是由一些意外的输入序列激活的设计错误。这类故障类似硬件间歇性故障，它们会在短时间内出现，然后消失，再次出现。因此，通常只需重新启动模块就可以成功地执行[21]。

检查点和重启恢复机制的一般方案如图 7.1 所示。执行程序的模块结合验收测试块（AT）进行操作，验收测试块（AT）验证结果的正确性。如果检测到故障，则向模块发送"重试"信号，以将其状态重新初始化为存储在检查点存储器中的检查点状态。

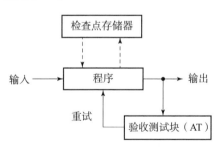

图 7.1　检查点和重启恢复机制

通常有两种类型的检查点：静态检查点和动态检查点[49]。

静态检查点在程序执行开始时，获取系统状态的单个快照，并将其存储在存储区。故障检测检查通常放在模块的输出端。如果检测到故障，系统将返回此状态并从头开始执行。

动态检查点是在执行期间的各个点动态创建的。如果检测到故障，系统将返回上一个检查点并继续执行。故障检测检查需要嵌入代码,并在创建检查点之前执行。

许多因素会影响检查点的效率,包括执行需求、检查点之间的间隔、故障激活率,以及与创建故障检测检查,检查点本身、恢复等相关的开销等[25]。在静态方法中,完成执行的预期时间随着处理需求呈指数增长。因此,静态检查点只有在处理需求相对较小时才有效。在动态方法中,随着处理需求的增加,执行时间的线性增长是有可能的。有三种策略用于动态放置检查点[39]:

(1) 等距。它以确定的固定时间间隔来放置检查点,检查点之间的时间间隔取决于预期的故障率。

(2) 模块化。在完成子模块的故障检测检查后,将检查点放置在模块中子模块的末尾。执行时间取决于子模块的分布和预期的故障率。

(3) 随机。随机放置检查点。

例 7.1 程序由图 7.2 所示的流程图表示。每个块的最坏情况的执行时间显示在块内。如果流程需要从最后一个检查点返回到在 10 个时间单位内发生故障的点,则决定在哪里放置检查点。假设一个块可以划分成子块,最小化检查点的数量。

解: 一种可能的解决方案如图 7.3 所示,需要 4 个检查点。

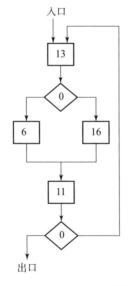

图 7.2 例 7.1 的流程图

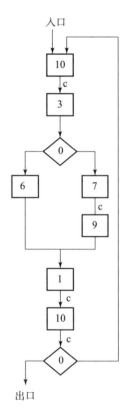

图 7.3 例 7.1 的检查点流程图

注:c 为检查点

总的来说，检查点和重启恢复机制具有以下优点[49]：

（1）概念上很简单。

（2）它与故障造成的损坏无关。

（3）它适用于意外故障。

（4）它足够通用，可以在同一系统中的多个级别上使用。

重启恢复的一个问题是在某些系统中存在不可恢复的操作[27]（如发射导弹或焊接一对电线[49]）。这些操作通常与外部事件相关联，且无法通过简单地重新加载状态和重新启动系统来恢复这些事件。如果从这些行动中恢复，则需要一些特殊处理。例如，补偿结果或延迟其输出，直到完成额外的确认检查。

数据多样性

通过为每次重试使用不同的输入重新表达，可以提高检查点和重启的效率。由于软件故障通常依赖于输入序列，如果以不同的方式重新表达输入，则不同的重新表达式不太可能激活相同的故障。这种技术称为数据多样性[1]。数据多样性有三种基本技术[27]：

（1）输入数据重新表达，其中只改变输入，不需要执行后调整。

（2）执行后调整输入数据重新表达。在这种情况下，输出结果必须根据给定的规则集进行调整。例如，如果通过在某些代码中对输入进行编码来重新表达输入，则根据代码的解码规则对输出结果进行解码。

（3）通过分解和重新组合来对输入数据重新表达。在这种情况下，输入被分解为更小的部分，然后重新组合，以获得输出结果。

例 7.2 假设一段程序代码包含布尔函数的表达式，例如，

$$f(a,b,c) = ab + ac$$

那么该代码的多样版本可能包含功能上相同但布尔方程的不同表达，例如，

$$f(a,b,c) = a(b + c)$$

这是输入数据重新表达的例子，其中不需要执行后调整。

或者，我们可以采用分解和重新组合来计算 $f(a,b,c)$：

$$g(b,c) = b + c$$
$$f(a,b,c) = a \cdot g(b,c)$$

7.2.3.3 进程对

进程对[18]技术是在单独的处理器上运行两个相同版本的软件，框图如图

7.4 所示。首先，处理器1（主处理器）处于激活状态，它执行程序并将检查点信息发送到处理器2（辅助处理器）。如果验收测试块（AT）检测到故障，则处理器1被关闭，处理器2将最后一个检查点加载为启动状态并继续执行。同时，处理器1离线执行诊断检查。如果故障不可恢复，则进行更换。在恢复服务后，修复的处理器成为辅助处理器。

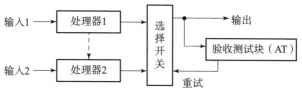

图 7.4　进程对

例如，使用进程对来访问 Tandem 计算机[6]中的 I/O 设备。一个 I/O 进程被指定为激活状态，而另一个进程被用作备份，所有消息都通过主 I/O 进程传递，如果主进程失败，则由辅助进程接管。

进程对技术的主要优点是它在故障发生后继续提供不间断的服务，因此这种技术适用于可用性要求高的应用[49]。

7.3　多版本技术

多版本技术使用同一软件部件的多个版本，这些部件是按照设计多样性规则开发的。例如，可以使用不同的团队、不同的编码语言或不同的算法来使不同版本没有共同缺陷的概率最大化。在本节，我们将介绍三种常用的多版本技术：块恢复、N 版本编程技术和 N 自检编程技术。

7.3.1　块恢复

块恢复技术将检查点和重新启动应用于软件模块的多个版本。它的结构如图 7.5 所示。版本 $1 \sim n$ 表示功能相同模块的不同版本。最初，版本 1 提供系统的输出。如果对其验收测试检测到错误，则向选择开关发送重试信号。系统返回存储在检查点存储器中的最后一个状态，并切换到下一个版本执行。每次在新版本执行之前都会创建检查点。如果所有 n 个版本都尝试过，结果都不被接受，则系统失败。

各种检查被用于模块的活动版本的验收测试。检查要么放在模块的输出端，要么嵌入代码，以提高故障检测的有效性。

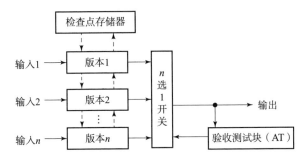

图 7.5 块恢复技术

像所有多版本技术一样，块恢复技术在很大程度上依赖于设计多样性。它要求模块的规范足够详细，足以允许创建功能相同的多个备选方案。这个问题将在 7.3.4 节中进一步讨论。另一个问题是，验收测试通常高度依赖于应用程序并且难以创建。它们不能测试特定的结果，只能测试"可接受的"值[44]。

例 7.3 如果希望在短时间内诊断并重新启动以恢复系统，那么可以假设恒定的失效率和重启率[2]。通过这种假设，马尔可夫链可用于系统建模。

解：绘制马尔可夫链，用于恢复块系统的可靠性分析，该系统由三个不同版本的同一模块组成。假如满足以下条件：

- 不同版本的故障和修复是独立事件；
- 每个版本的失效率为 λ，重启率为 ρ；
- 选择开关的失效率是 λ_s；
- 检查点存储器、验收测试块和选择开关不能失效。

得到的马尔可夫链如图 7.6 所示。根据表 7.1 标记状态，状态 1~3 是可操作状态，状态 4 是可失效状态。在恢复块系统中，要使系统运行，一个版本可操作就足够了。一旦执行可靠性分析，就无法从故障状态修复系统。因此，不需要区分系统故障是由于选择开关故障还是版本故障所导致。所有失败的状态都可以合并为一个。

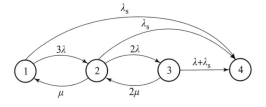

图 7.6 例 7.3 的马尔可夫链

表 7.1 例 7.3 的马尔可夫链的状态

状态	描述
1	三个版本和选择开关正在运行
2	一个版本失败，两个版本和选择开关正在运行
3	两个版本失败，一个版本和选择开关正在运行
4	系统失败

7.3.2 *N* 版本编程技术

N 版本编程技术[5]类似 *N* 模硬件冗余，如图 7.7 所示。它由同一模块的 *N* 种不同软件实现组成，并发执行。所有版本在功能上都是等效的。选择算法决定哪个答案是正确的，并且作为程序执行的结果返回该答案。选择算法通常使用通用表决器来实现。这是优于块恢复故障检测机制的优点，该机制需要依赖应用程序的验收测试。

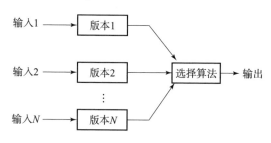

图 7.7 *N* 版本编程技术

许多不同类型的软件系统表决算法已经被开发出来，包括正式的多数表决、广义中间表决、相对多数表决和加权平均技术[31]。这些表决有能力通过使用度量空间(X,d)的概念来执行不精确的表决行为。集合 *X* 是软件的输出空间，*d* 是测量函数，它将 *X* 中的任何两个元素与实数值相关联（度量的定义请参考 5.2.5 节）。如果它们的距离小于某个预定义的阈值 ε，则将不精确的值声明为相等。

在正式的多数表决中，通过比较输出，如果超过一半的值一致，则选择表决输出作为协议组中的一个值。

广义中间表决选择值域中的中间值作为正确结果。通过连续消除相距较远的每对值，直到仅剩下一个值来计算中值。输出值的数量必须为奇数。

相对多数表决是基于测量相等来划分该组输出，并选择来自最大分区组的输出。

加权平均技术以加权平均值组合输出，以产生结果。可以基于各个版本的特征预先选择权重，如果所有权重相等，则这种技术退化成我们在 4.2.1.2 节中考虑的中值选择技术；还可以基于版本输出的成对距离[20]或由某个成功进行性能度量的历史版本[11]来动态地选择权重。

选择算法通常是在考虑系统错误输出结果的情况下开发的。对于可靠性要求很高的应用，设计选择算法，以便所选结果的正确性概率非常高。如果可用性是一个问题，则选择算法可能偶尔产生一个输出，即使算法不正确。只要程序后继执行不依赖于先前生成的、可能错误的结果，这样的输出是可接受的。对于安全性关注度很高的应用，需要选择算法来正确区分错误结果，并对其进行修正。在算法不能高可信度地选择正确的结果的情况下，它应该向系统报告错误或启动可接受的安全输出序列[49]。

如果正确实现设计多样性，则 N 版本编程技术可以容忍软件中出现的设计错误。每个版本的模块都应该使用不同的工具集、不同的编程语言，甚至可能有不同的环境来实现。各个开发组必须尽可能少地进行交互。规范应该足够灵活，足够详细，以便程序员可以创建不同但兼容的版本。

在块恢复技术和 N 版本编程之间存在许多差异。在传统的块恢复技术中，每个替代版本都是串行执行的，直到找到无故障的解决方案。在 N 版本编程技术中，各版本通常是同时运行的。一方面，在恢复模块中连续尝试多种替代方案的时间可能令人望而却步，特别是对实时系统而言；另一方面，同时运行 N 个版本需要 N 个冗余硬件模块。

另一个区别是故障检测机制。块恢复技术需要依赖应用程序的验收测试以及对每个版本的单独检查，这些版本或嵌入代码，或放在模块的输出端。在 N 版本编程技术中，可以使用通用的表决方法。由于任何一种技术都各有利弊，因此需要仔细分析，以确定哪种技术最适合给定的系统。

例7.4　一个 3 版本编程系统由同一模块的三种不同软件实现组成，版本 1、2、3 在 4×10^4 s 的 CPU 执行时间内的失效概率分别是 0.1、0.12、0.15。假设这些版本完全不同，并且它们的故障是独立事件，表决器在 4×10^4 s 的 CPU 执行时间内的可靠度是 0.94，那么每 4×10^4 s 的 CPU 执行时间产生的系统可靠度是多少？

解：如果假设不同版本的故障是独立事件，那么 TMR 可靠度表达式可用于评估 3 版本编程的可靠度：

$$R_{3版本} = (R_1 R_2 R_3 + (1 - R_1) R_2 R_3 + R_1 (1 - R_2) R_3 + R_1 R_2 (1 - R_3)) R_V$$

将 $R_1 = 0.9$，$R_2 = 0.88$，$R_3 = 0.85$，$R_V = 0.94$ 代入，得到

$$R_{3版本}(4 \times 10^4 \text{ s}) = 0.901$$

7.3.3 N 自检编程技术

N 自检编程技术结合了块恢复和 N 版本编程技术[26]。检测是通过使用验收测试或通过比较模块对来执行的。N 自检程序的应用实例是 5ESS 交换系统，它为大约一半的美国电话交换机[13]和空中客车 A – 340 飞行控制计算机提供服务[10]。

使用验收测试的 N 自检程序系统的结构如图 7.8 所示。不同版本的软件模块和验收测试是独立于通用规范开发的。对每个版本的单独检查要么嵌入代码，要么放在模块的输出端。这是与每个版本使用单独的验收测试的块恢复方法的主要区别。每个版本的执行可以串行或同时完成。在这两种情况下，输出都来自通过验收测试的最高级别版本。

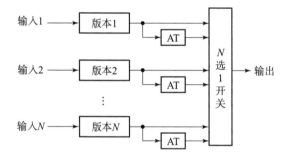

图 7.8 使用验收测试的 N 自检程序系统的结构

使用比较的 N 自检程序系统的结构如图 7.9 所示。与使用验收测试的 N 自检程序相比的优点在于，其将独立的决策算法应用于失效检测。

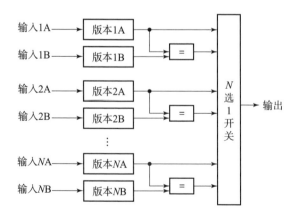

图 7.9 使用比较的 N 自检程序系统的结构

例 **7.5**　使用不同版本同时执行的验证测试，推导出 5 个自检编程系统的可靠度表达式。假设不同版本的故障是独立事件，版本 i 的可靠度为 R_i，$i \in \{1,2,3,4,5\}$，选择开关的可靠度为 R_S，验收测试模块是完美的。

解：在这 5 个自检编程系统中，一个版本的运行都可以让系统运行。因此，其可靠度可以计算为 1 减去所有 5 个模块发生故障的概率乘以选择开关的可靠度：

$$R_{5SC} = \left[1 - (1 - R_1)(1 - R_2)(1 - R_3)(1 - R_4)(1 - R_5) \right] R_S$$

7.3.4　设计多样性的重要性

多版本技术最关键的问题是通过设计多样性来确保软件模块不同版本之间的独立性。设计多样性为保护模块的多个版本免受常见设计缺陷的影响[4]。如果软件系统的实现是使用相同的算法、相同的编程语言，或者由同一设计团队开发，使用相同的技术进行测试，等等，则该系统很容易出现常见设计错误。

目前，设计多样性的实现仍然是一个有争议的话题[24]。除非采取适当的措施，否则由冗余的多个版本引起的复杂性的增加可能相当严重，并且可能导致系统整体性差。在开发多版本软件系统时，要做出的决策包括[5]：

- 哪些模块需要冗余设计；
- 冗余的级别（过程、进程和整个系统）；
- 所需的冗余版本数量；所需的多样性（不同的规则、算法、代码、编程语言、团队、测试技术等）；
- 开发团队之间的隔离规则，以防止可能导致常见设计错误的信息串扰。

开发多版本软件的成本是需要被考虑到的。对于大多数应用程序而言，直接复制所有的开发工作是被禁止的。通过仅将冗余分配给系统的可靠性关键部分，可以降低成本[8]。

7.4　软件测试

软件测试是执行程序以发现错误的过程[37]。测试是软件开发中的一个主要考虑因素。在许多项目组织中，与软件开发的其他阶段相比，更多时间被用于测试。在复杂的项目中，测试人员可能是项目团队中代码开发人员的两倍或三倍。

有两种类型的软件测试：功能和结构[45]。功能测试（也称为行为测试、黑盒测试、闭箱测试）将测试程序行为与其规格说明进行比较；结构测试

（也称为白盒测试、玻璃盒测试）检查程序的内部结构是否有错误。例如，假设测试一两个整数的加法程序。功能测试的目标是验证所实现的操作是否确实是加法功能而不是乘法功能。结构测试不会质疑程序的功能，但会检查内部结构是否一致。结构方法的一个优点是在测试期间考虑整个软件实现，这有助于错误检测，即使软件规格说明模糊或不完整。

结构测试的有效性通常用测试覆盖度指标来表示，该度量指标用于衡量测试用例所运行的代码的比例。常见的测试覆盖率指标是语句、分支和路径覆盖率[7]。语句覆盖率要求测试中的程序运行足够多的测试用例，以便其所有语句至少执行一次。分支覆盖要求程序的所有分支至少执行一次。路径覆盖要求程序中的每个可能路径都能覆盖。路径覆盖是最可靠的指标，然而它不适用于大型系统，因为路径数量与分支数量呈指数关系。

本节将简要概述语句覆盖和分支覆盖的度量标准。

7.4.1　语句覆盖

语句覆盖（也被称作行覆盖或段覆盖[40]）检查在测试期间程序中每个可执行语句是否均被执行。语句覆盖的扩展是基本的块覆盖[48]，其中每个非分支语句序列都被视为一个语句单元。

语句覆盖的主要优点是它可以直接应用于目标代码，而不需要处理源代码。它的缺点有：

●语句覆盖对某些控制结构，逻辑"与"和"或"运算符以及切换标签不敏感。

●语句覆盖仅检查循环体是否被执行。它不报告循环是否达到它们的终止条件。在 C、C++ 和 Java 程序中，此限制会影响包含 break 语句的循环。

作为语句覆盖对某些控制结构不敏感的示例，请看以下代码：

```
x = 0;
if(condition)
x = x + 1;
y = 10 / x
```

如果没有导致"condition"为假的测试用例，则尽管语句覆盖率为100%，也不会检测到此代码中的错误。只有当某个测试用例使"condition"为假时，才会出现该错误。由于"if"语句在程序中很常见，因此该问题是语句覆盖的严重缺陷。

7. 4. 2　分支覆盖

分支覆盖（也称为决策覆盖或边界覆盖[40]）要求程序的每个分支在测试期间至少执行一次。检查 if 语句或 while 语句的布尔表达式，以判断为"真"还是"假"。整个布尔表达式被视为一个断言，无论它是否包含逻辑"与"和"或"运算符。"switch"语句、异常处理程序和中断处理程序的处理方式类似。决策覆盖包括语句覆盖，因为执行每个分支会导致执行每个语句。

分支覆盖可以克服语句覆盖的许多问题。但是，它可能遗漏一些错误。例如，以下代码：

```
if(condition1)
x = 0;
else
x = 2;
if(condition2)
y = 10 * x;
else
y = 10 / x;
```

两个测试用例可以实现 100% 的分支覆盖率，这两个测试用例包括：condition1 和 condition2 都为真，及 condition1 和 condition2 都为假。但是，当 condition1 为真，condition2 为假时发生的错误不会被检测到。

可以通过执行程序中的每个路径来检测上述示例中的错误。但是，由于路径数量是分支数量的指数倍，因此对于大型系统来说，不可能测试每条路径。例如，如果一个测试用例需要 0.1×10^{-5} s 来执行，那么测试包含 30 个 if 语句的程序所有路径将花费 18 min，测试一个包含 60 个 if 语句的程序所有路径将需要花费 366 个世纪[19]。

7.5　小结

在本章，我们讨论了如何在软件领域中实现故障容限设计。我们研究了最流行的单版本和多版本软件故障容限技术，讨论了设计多样性和软件测试的重要性，分析了常见的测试覆盖率指标。

思考题

7.1 请分别举出 3 个软件故障、软件错误和软件失效的示例。

7.2 某些硬件故障与软件故障具有相似的性质。举 3 个这样的故障的例子。

7.3 程序由图 7.2 所示的流程图表示。每个块在最坏情况下的执行时间显示在块内，如果要求流程从最后一个检查点返回 12 个单位时间内发生故障的点，请确定放置检查点的位置。假设可以将块分区为子块，请最大限度地减少检查点的数量。

7.4 程序的执行时间是 T。假设 n 个检查点以相同的时间间隔插入程序。每个检查点的时间开销为 t。如果预期失效率为 k，那么程序在最坏情况下的执行时间是多少？假设每个检查点的时间开销为 t，故障恢复时间可忽略不计。

7.5 下面的软件可靠性增长模型，取自参考文献［47］，可以用来估计最初发布的软件失效率和调试后可以预期改进的失效率。初始软件失效率计算如下：

$$\lambda_0 = \frac{r_i K W_0}{n} \text{ 失效率每 CPU 秒}$$

式中，r_i 是主机处理器速度，以每秒指令个数表示；K 是故障暴露率，该函数依赖于程序结构和数据；W_0 是初始程序中故障总数的估计值；n 是源代码行数乘以扩展率给出的目标指令数。

在 t 时刻下的软件失效率计算如下：

$$\lambda(t) = \lambda_0 e^{-\beta t}$$

式中，t 是 CPU 时间，且 $\beta = B \dfrac{\lambda_0}{W_0}$ 是每次故障发生的失效率降低值，B 是故障减少因子。

估算 3×10^4 行 C 程序在 5×10^4 s CPU 执行时间后的初始失效率和失效率。使用以下参数：

- $r_i = 2 \times 10^7$ 指令每秒；
- $K = 4.2 \times 10^7$；
- $W_0 = 6$ 个故障每 1 000 行代码；
- 扩张率 = 2.5；

- $B = 0.955$。

7.6　工程师设计一个由 3 个模块串联而成的软件系统，每 6×10^4 s 的 CPU 执行时间，其可靠度为 $R_1 = 0.89$、$R_2 = 0.85$ 和 $R_3 = 0.83$。在系统中添加两个冗余模块（不同版本）。以下哪项是最好的？

（1）使用高层级冗余复制模块 2 和模块 3，如图 4.2（a）所示。

（2）使用低层级冗余复制模块 2 和模块 3，如图 4.2（b）所示。

（3）将模块 3 重复 3 次。

7.7　绘制马尔可夫链以进行块恢复系统的可用性分析，该系统由同一模块的三个不同版本组成。假设：

- 每个版本的失效率为 λ，重启率为 ρ；
- 当第一个版本失效后，其余版本的失效率增加到 λ'；当第二个版本失效后，第三个版本的失效率变为 λ''；
- 不同版本的修复是独立的事件；
- 选择开关的失效率为 λ_s，重启率为 ρ_s；
- 检查点存储区，验收测试块和选择开关不能失败。

7.8　绘制马尔可夫链以进行块恢复系统的安全性分析，该系统由同一模块的三个不同版本组成。假设：

- 每个版本的失效率为 λ，重启率为 ρ；
- 不同版本的故障和维修是独立的事件；
- 故障模块通过验收测试的概率为 q；
- 检查点内存，验收测试块和选择开关不能失败；
- 非安全失败（故障）系统不能重启。

7.9　一个程序由 7 个独立的模块组成，这些模块都是程序正常运行所必需的。每个模块每 6×10^4 s CPU 执行时间出现故障的概率为 0.12。计划在执行每个模块后使用 3 版本编程进行表决。表决的可靠度每 6×10^4 s CPU 执行时间为 0.9。假设模块故障是独立事件，那么每 6×10^4 s 的 CPU 执行时间程序的可靠度是多少？

（1）使用非冗余版本且未执行任何测试时。

（2）使用非冗余版本时，会执行大量测试，将每个模块的故障内容减少到原始级别的 15%。

（3）使用 3 版本编程且未执行测试时。假设这些版本是真正多样化的，并且它们的失败是独立事件。

7.10　对于使用所有 7 个模块执行结束时的单个表决的情况，重复思考题 7.9（3）。

7.11 开发 N 个不同软件版本的模块，每个版本每 30 000 s CPU 执行时间的失效率为 0.1。假设不同版本的失败是独立事件且表决是理想的，那么 N 应该取值为多少，才能使 N 版本程序系统每 30 000 s CPU 执行时间的失效率小于 3% ？

7.12 比较使用由 6 个同时执行的不同版本的程序实现，导出用于 N 自检程序的可靠度的表达式。假设不同版本的失败是独立事件，所有版本都具有相同的可靠度 R，验收测试块是理想的，并且选择开关的可靠度是 R_s。

7.13 在使用验收测试进行的 N 自检编程中，你可以容忍多少模块故障？

7.14 在使用比较的 N 自检编程中，你可以容忍多少个模块故障？

7.15 举一个代码示例，在这个代码中，尽管语句覆盖率为 100%，但未检测到错误。若分支覆盖率为 100%，是否会检测到这个错误？

7.16 举一个代码示例，即使分支覆盖率为 100%，但不会检测到错误。

7.17 内核 K 是流程图 F 的顶点的子集，它满足以下特性：执行内核所有顶点的任何一组测试会执行流程图 F 的所有顶点[19]。通过构造仅用于内核顶点的测试用例，可以实现 100% 的语句覆盖率。使用流程图的支配关系可以计算最小内核。

如果从入口到 u 的每个路径都包含 v，则顶点 v 前支配顶点 u；如果从 u 到出口的每条路径都包含 v，则顶点 v 后支配顶点 u。如果顶点 v 支配顶点 u 并且 u 的其他每个支配点都支配 v，则顶点 v 是 u 的直接支配节点，用 idom(v) 表示。边 (idom(v), v) 形成一个有向树，根节点的位置是前支配的入口、后支配的出口[32]。

最小内核集 G 可以计算为 $K = L - P$，其中 L 是 G 的后支配树的叶顶点集，P 是 L 的顶点子集，它支配 L 的某些顶点[19]。

计算图 7.10 中流程图的最小内核集。

7.18 思考题 7.17 中描述的基于内核的技术同样可以应用于分支覆盖，方法是为流

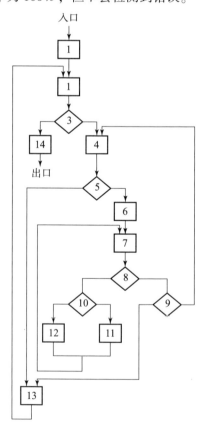

图 7.10　思考题 7.17 的流程图

程图的边而不是顶点构造前后支配树。边的内核集定义为流程图的边的子集,该子集满足以下特性:执行内核的所有边的任何一组测试集,也执行流程图的所有边。通过构造仅用于内核的边的测试用例,可以实现 100% 的分支覆盖。

计算图 7.10 中流程图中边的最小内核集。

参考文献

[1] Ammann, P., Knight, J.: Data diversity: an approach to software fault tolerance. IEEE Trans. Comput. **37**(4), 418 – 425 (1988)

[2] Aveyard, R. L., Man, F. T.: A study on the reliability of the circuit maintenance system – 1 b. Bell Syst. Tech. J. **59**(8), 1317 – 1332 (1980)

[3] Avižienis, A.: Fault – tolerant systems. IEEE Trans. Comput. **25**(12), 1304 – 1312 (1976)

[4] Avižienis, A.: Design diversity: an approach to fault tolerance of design faults. In: Proceedings of the National Computer Conference and Exposition, pp. 163 – 171 (1984)

[5] Avižienis, A.: The methodology of N – version programming. In: Lyu, M. R. (ed.) Software Fault Tolerance. Wiley, Chichester, pp. 158 – 168 (1995)

[6] Bartlett, J. F.: A "NonStop" operating system. In: Proceedings of the 11th Hawaii International Conference on System Sciences, vol. 3 (1978)

[7] Beizer, B.: Software Testing Techniques. Van Nostrand Reinhold, New York (1990)

[8] Bishop, P.: Software fault tolerance by design diversity. In: Lyu, M. R. (ed.) Software Fault Tolerance. Wiley, New York, pp. 211 – 229 (1995)

[9] Black, J. P., Taylor, D. J., Morgan, D. E.: An introduction to robust data structures. Computer Science Department, University of Waterloo, CS – 80 – 08. Computer Science Department, University of Waterloo (1980)

[10] Briere, D., Traverse, P.: AIRBUS A320/A330/A340 electrical flight controls—a family of fault – tolerant systems. In: Digest of Papers of The Twenty – Third International Symposium on Fault – Tolerant, Computing (FTCS'93), pp. 616 – 623 (1993)

[11] Broen, R. B.: New voters for redundant systems. J. Dyn. Syst. Meas. Control **97**

(1), 41 –45(1975)

[12] Brooks, F. P. : No silver bullet: essence and accidents of software engineering. IEEE Comput. **20**(4), 10 – 19 (1987)

[13] Carney, D. , Cochrane, J. : The 5ESS switching system: architectural overview. AT&T Tech. J. **64**(6), 1339 – 1356 (1985)

[14] Challenger: report of on the space shuttle Challenger accident. http: // science. ksc. nasa. gov/shuttle/missions/51 – l/docs/rogers – commission/tab (1986)

[15] Chandy, K. , Browne, J. , Dissly, C. , Uhrig, W. : Analytic models for rollback and recovery strategies in data base systems. IEEE Trans. Softw. Eng. **SE –1**(1), 100 – 110 (1975)

[16] Cristian, F. : Exception handling and software fault tolerance. IEEE Trans. Comput. **C –31**(6) ,531 – 540 (1982)

[17] Denning, P. J. : Fault tolerant operating systems. ACM Comput. Surv. **8**(4), 359 – 389 (1976)

[18] Dimmer, C. I. : The tandem non – stop system. In: Anderson, T. (ed.) Resilient Computing Systems, vol. 1. Wiley, New York, pp. 178 – 196 (1986)

[19] Dubrova, E. : Structural testing based on minimum kernels. In: Proceedings of the Conference on Design, Automation and Test in Europe—Volume 2, DATE'05, pp. 1168 – 1173 (2005)

[20] Gersting, J. , Nist, R. , Roberts, D. , Van Valkenburg, R. : A comparison of voting algorithms for N – version programming. In: Proceedings of the Twenty – Fourth Annual Hawaii International Conference on System Sciences, vol. ii, pp. 253 – 262 (1991)

[21] Gray, J. : Why do computers stop and what can be done about it? In: Proceedings of the the Fifth Symposium of Reliability in Distributed Software and Database Systems, pp. 3 – 12 (1986)

[22] Hailpern, B. , Santhanam, P. : Software debugging, testing, and verification. IBM Syst. J. **41**(1), 4 – 12 (2002)

[23] Heimdahl, M. P. E. , Leveson, N. G. : Completeness and consistency in hierarchical state – based requirements. IEEE Trans. Softw. Eng. **22**(6), 363 – 377 (1996)

[24] Koopman, P.: Better Embedded System Software. Drumnadrochit Press, Wilmington (2010)

[25] Kulkarni, G. V., Nicola, F. V., Trivedi, S. K.: Effects of checkpointing and queueing on program performance. Commun. Stat. Stochast. Models **6** (4) 615 – 648 (1990)

[26] Laprie, J. C., Arlat, J., Beounes, C., Kanoun, K.: Definition and analysis of hardware – and software – fault – tolerant architectures. Computer **23**(7), 39 – 51 (1990)

[27] Lee, P. A., Anderson, T.: Fault tolerance: principles and Practice. Dependable computing and fault – tolerant systems, 2nd edn. Springer – Verlag, New York (1990)

[28] Leveson, N., Turner, C. S.: An investigation of the Therac – 25 accidents. IEEE Comput. **26**, 18 – 41 (1993)

[29] Lin, H.: Sheffield hickups caused by software. Sci. Am. **253**(6), 48 (1985)

[30] Lions, J. L.: Ariane 5 flight 501 failure, report by the inquiry board. http://www. esrin. esa. it/htdocs/tidc/Press/Press96/ariane5rep. html(1996)

[31] Lorczak, P., Caglayan, A., Eckhardt, D.: A theoretical investigation of generalized voters for redundant systems. In: Nineteenth International Symposium on Fault – Tolerant Computing, 1989, FTCS – 19. Digest of Papers, pp. 444 – 451 (1989)

[32] Lowry, E. S., Medlock, C. W.: Object code optimization. Commun. ACM **12** (1), 13 – 22 (1969)

[33] Lyu, M. R.: Introduction. In: Lyu, M. R. (ed.) Handbook of Software Reliability. McGraw – Hill, New York, pp. 3 – 25 (1996)

[34] Massa, A. J.: Embedded development: Handling exceptions and interrupts in eCos. http://www. informit. com/articles/article. aspx? p = 32058(2003)

[35] Maxion, R. A., Olszewski, R. T.: Improving software robustness with dependability cases. In: Proceedings of the The Twenty – Eighth Annual International Symposium on Fault – Tolerant Computing, pp. 346 – 355 (1998)

[36] McAllister, D., Vouk, M. A.: Fault – tolerant software reliability engineering. In: Lyu, M. R. (ed.) Handbook of Software Reliability. McGraw – Hill, New York, pp. 567 – 614 (1996)

[37] Myers, G. J. : Art of Software Testing. Wiley, New York (1979)

[38] Myers, W. : Can software for the strategic defense initiative ever be error free? IEEE Comput. **19**(11), 61 – 67 (1986)

[39] Nicola, V. F. : Checkpointing and the modeling of program execution time. In: Lyu, M. R. (ed.) Software Fault Tolerance. Wiley, Chichester, pp. 167 – 188 (1995)

[40] Ntafos, S. : A comparison of some structural testing strategies. IEEE Trans. Softw. Eng. **14**(6),868 – 874 (1988)

[41] Pratt, V. : Anatomy of the Pentium bug. In: Mosses, P. D. , Nielsen,M. , Schwartzbach,M. I. (eds.) TAPSOFT' 95: Theory and Practice of Software Development, vol. 915. SpringerVerlag, Berlin,pp. 97 – 107 (1995)

[42] Pressman, R. S. : Software Engineering: A Practitioner's Approach. The McGraw – Hill Companies,Inc. , New York (1997)

[43] Randell, B. : System structure for software fault tolerance. In: Proceedings of the International Conference on Reliable Software, pp. 437 – 449 (1975)

[44] Randell, B. , Xu, J. : The evolution of the recovery block concept. In: Lyu, M. R. (ed.) Software Fault Tolerance. Wiley, New York, pp. 1 – 21 (1995)

[45] Roper, M. : Software Testing. McGraw – Hill Book Company, London (1994)

[46] Rushby, J. M. : Bus architectures for safety – critical embedded systems. In: Proceedings of the First International Workshop on Embedded Software, EMSOFT'01, pp. 306 – 323 (2001)

[47] TR – 528 – 96: Reliability techniques for combined hardware and software systems. Technical Report TR – 528 – 96, Rome Laboratory (1992)

[48] Watson, A. H. : Structured testing: analysis and extensions. Technical ReportTR – 528 – 96, Princeton University (1996)

[49] Wilfredo, T. : Software fault tolerance: a tutorial. Technical Report, Langley Research Center, Hampton (2000)

[50] Woodcock, J. , Larsen, P. G. , Bicarregui, J. , Fitzgerald, J. : Formal methods: practice and experience. ACM Comput. Surv. 41(4), 19:1 – 19:36 (2009)

第8章　结束语

本书各章节覆盖了故障容限的主要概念，设计故障容限的硬件和软件系统的基本技术，从可靠性、可用性和安全性等方面对故障容限系统进行建模和评估的常用方法。

除了本书涉及的内容之外，故障容限设计无疑还有很多重要方面，包括故障容限系统的规格说明书、验证和测试，利用测试数据进行可信性评估，失效模式影响分析和安全性等。

故障容限是一个令人着迷的且不断发展的领域。我们希望本书能激发您进一步探索的兴趣，祝愿您学习之旅愉快！

缩　略　语

ADSL　　　Asymmetric Digital Subscriber Line　非对称数字用户线

ALU　　　　Arithmetic Logic Unit　算术逻辑单元

ASIC　　　Application Specific Integrated Circuits　专用集成电路

ATM　　　　Automated Teller Machine　自动柜员机

ATSC　　　Advanced Television Systems Committee　先进电视系统委员会

CPU　　　　Central Processing Unit　中央处理器

CRC　　　　Cyclic Redundancy Check　循环冗余校验码

DRAM　　　Dynamic Random Access Memory　动态随机访问存储器

DSL　　　　Digital Subscriber Line　数字用户线

DVB　　　　Digital Video Broadcasting　数字视频广播

DVD　　　　Digital Versatile Disc　数字多功能光盘

FD　　　　　Fault Detection　故障检测

FIT　　　　Failures in Time　单位时间失效数

FPGA　　　Field – Programmable Gate Array　现场可编程门阵列

IC　　　　　Integrated Circuit　集成电路

I/O　　　　Input/Output　输入/输出

LFSR　　　Linear Feedback Shift Register　线性反馈移位寄存器

MTBF　　　Mean Time between Failures　平均故障间隔时间

MTTF　　　Mean Time to Failure　平均故障前时间

MTTR　　　Mean Time to Repair　平均修复时间

NMR　　　　N – Modular Redundancy　N 模冗余

PC　　　　　Parity Checker　奇偶校验器

PG　　　　　Parity Generator　奇偶生成器

POSTNET　Postal Numeric Encoding Technique　邮政数字编码技术

RAID　　　Redundant Array of Independent Disks　独立磁盘冗余阵列

RAM　　　　Random Access Memory　随机访问存储器

SoC　　　　System – on – Chip　片上系统

TMR　　　　Triple Modular Redundancy　三模冗余

专业术语对照表

A

Acceptance test　验收测试

Active redundancy　主动型冗余

Alternating logic　交替逻辑

AN code　AN 码

Arithmetic code　算术码

Arithmetic distance　算术距离

Arithmetic logic unit（ALU）　算术逻辑单元

Atomic action　原子操作

Availability　可用性

Availability analysis　可用性分析

B

Bathtub curve　浴盆曲线

Berger code　Berger 码

Branch coverage　分支覆盖率

Bridge fault　桥连故障

Business – critical application　业务关键的应用

C

Checkpoint　检查点

Checkpoint and restart　检查点和重启

Checkpoint memory　检查点存储器

Code　编码

Code distance　码距

Exponential failure law　指数失效规律

External factor　外部因素

F

Fail‑safe　失效—安全

Fail‑unsafe　失效—不安全

Failure　失效

Failure effect　失效影响

Failure mode　失效模式

Failure rate　失效率

Failures in time（FIT）　单位时间失效数

Fault　故障

Fault containment　故障抑制

Fault coverage　故障覆盖率

Fault detection　故障检测

Fault forecasting　故障预测

Fault location　故障定位

Fault masking　故障屏蔽

Fault model　故障模型

Fault prevention　故障预防

Fault removal　故障排除

Fault tolerance　故障容限

Fault tree　故障树

Feature upgrade　特性升级

Finite field　有限域

Flowgraph　流程图

Formal verification　规范化验证

Full adder　全加法器

G

Generator matrix　生成矩阵

Generator polynomial　生成多项式

Graceful degradation　优雅降级

H

Hamming code　汉明码

Hamming distance　汉明距离

Hardware redundancy　硬件冗余

High – level redundancy　高层级冗余

Hybrid redundancy　混合冗余

I

Independent component　独立部件

Information rate　信息率

Information redundancy　信息冗余

Intermittent fault　间歇性故障

Internally monotonic circuit　内部单调电路

Invariance　不变性

L

Lexicographic parity check matrix　字典序一致校验矩阵

Linear code　线性码

Linear feedback shift register（LFSR）　线性反馈移位寄存器

Linear independence　线性无关

Load – sharing　共享负载

Low – level redundancy　低层级冗余

M

Majority voter　多数表决

Markov chain　马尔可夫链

Markov processes　马尔可夫过程

Maximum likelihood decoding　最大似然解码

Mean time between failures（MTBF）　平均故障间隔时间

Mean time to failure（MTTF）　平均故障前时间

Mean time to repair（MTTR）　平均修复时间

value select　中值选择 Median

Mission availability　任务可用性

Mission – critical application　任务关键的应用

Modularization　模块化

M – of – N code m – of – n 码（也称作常重码）

N

N – modular redundancy（NMR） N 模冗余

N – modular redundancy with spares 带备件的 N 模冗余

Non – perfect voter 非完好表决器

N self – checking programming N 自检编程技术

Non separable code 不可分离码

N – version programming N 版本编程技术

O

On – line error detection 实时错误检测

P

Pair – and – a – spare 成对备份

Parity checker 奇偶校验器

Parity check matrix 一致校验矩阵

Parity check polynomial 一致校验多项式

Parity code 奇偶校验码

Parity generator 奇偶生成器

Partitioning 分区

Passive redundancy 被动型冗余

Path coverage 路径覆盖率

Perfect voter 表决器完好

Permanent fault 永久故障

Point availability 点可用性

Polynomial 多项式

Polynomial division 多项式除法

Polynomial multiplication 多项式乘法

Preventive maintenance 预防性维修

Probability 概率

Process pairs 进程对

R

Random access memory（RAM） 随机访问存储器

Real – time computing 实时计算

Stochastic process　随机过程

Stuck – at fault　固定型故障

Switch　开关

Syndrome　伴随式

Syndrome polynomial　伴随多项式

System closure　系统闭合

T

Threshold gate　阈值门限

Threshold voter　阈值表决器

Time redundancy　时间冗余

Transient fault　瞬态错误

Transition matrix　转移矩阵

Triple modular redundancy（TMR）　三模冗余

Triplex – duplex redundancy　三模—双工冗余

Triplication code　三重码

U

Ubiquitous computing　分布式计算

Unidirectional error　单向错误

Unordered code　无序码

V

Vector space　向量空间

Voter　表决器

W

Weibull distribution　威布尔分布

Word　字